天工开物丛书

# 纸上春秋

## ——中国古代造纸术

佟春燕／著

文物出版社

图书在版编目（CIP）数据

纸上春秋：中国古代造纸术 / 佟春燕著. -- 北京：文物出版社, 2017.8
（天工开物 / 王仁湘主编）
ISBN 978-7-5010-5187-8

Ⅰ. ①纸… Ⅱ. ①佟… Ⅲ. ①造纸工业－技术史－中国－古代 Ⅳ. ①TS7-092

中国版本图书馆CIP数据核字(2017)第177664号

# 纸上春秋
## ——中国古代造纸术

主　　编：王仁湘
著　　者：佟春燕
责任编辑：张朔婷
特约编辑：李　红
装帧设计：李　红
责任印制：张　丽
出版发行：文物出版社
社　　址：北京市东直门内北小街2号楼
邮　　编：100007
网　　址：http://www.wenwu.com
邮　　箱：web@wenwu.com
经　　销：新华书店
制版印刷：北京图文天地制版印刷有限公司
开　　本：889×1194　1/32
印　　张：3.25
版　　次：2017年8月第1版
印　　次：2017年8月第1次印刷
书　　号：ISBN 978-7-5010-5187-8
定　　价：45.00元

天 工 开 物

# 天工人巧开万物（代序）

天之下，地之上，世间万事万物，错杂纷繁，天造地设，更有人为。

事物都有来由与去向，一事一物的来龙去脉，要探究明白并不容易，而对于万事万物，我们能够知晓的又能有多少？

“天覆地载，物数号万，而事亦因之，曲成而不遗，岂人力也哉？事物而既万矣，必待口授目成而后识之，其与几何？”这是明代宋应星在《天工开物》序言中的慨叹，上天之下，大地之上，物以万数，事亦万数，万事万物，若是口传眼观认知，那能知晓多少呢？

知之不多，又想多知多识，实践与阅读是两个最好的通道。我们仿宋应星的书义，又借用他的书名，编写出版这套“天工开物”丛书，其用意正在于开出其中的一个通道，让万事万物逐渐汇入你我他的脑海。

宋应星将他的书名之为《天工开物》，书名分别来自《尚书·皋陶谟》“天工人其代之”及《易·系辞》“开物成务”。《天工开物》被认为是世界上第一部关于农业和手工业生产的综合性著作，是中国古代的一部科学技术著作，国外学者称之为“中国17世纪的工艺百科全书”。以一人之力述万事万物，其中的艰辛可想而知。当初宋应星还撰有“观象”“乐律”两卷，因道理精深，自量力不能胜，所以不得已在印刷时删去。万事万物，须得万人千人探究才有通晓的可能，知识才有不断提升的可能。

天工开物，是借天之工，开成万物，创造万物，如《易·系辞》所言，谓之“曲成万物”，即唐孔颖达所说的“成就万物”，亦即宋应星说的“人巧造成异物”。

认知天地自然，知万物再造万物。是巧思为岁月增添缤纷色彩，是神工为世界改变模样。每个时代都拥有它的尖端技术，这些技术不断提升变革，就有了现代的超越，有了现代化。这样的现代化也不会止步，还要走向未来。

科学技术是时代前进的杠杆，巧匠能工是品质生活的宗师。在我们这个古老的国度，曾经有过许多的发明与创造，在天文学、地理学、数学、物理学、化学、生物学和医学上都有许多发现、发明与创造。

我们有指南针、火药、造纸和印刷术四大发明，还有十进位制、赤道坐标系、瓷器、丝绸、二十四节气等重大发明。古代的发明与创造，随着历史的脚步慢慢远去，是不断面世的古代文物让我们淡忘的记忆又渐渐清晰起来。这些历史文物，这些古代的中国制造，是我们认知历史的一个个窗口。

对一个历史时代的认识，最便利的入口可能就是一件器具，一种工艺，甚至是某种图形或某种味道。让我们一起由这样的入口认知历史文化，领略古人匠心，追溯万物源流，这也是一件很快乐且有意义的事情吧。

王仁湘

2017年8月

# 目录

# 导言

纸作为中国古代的四大发明之一，具有书写、印刷、绘画、包装等功能，但它最重要的作用是承载人类知识、经验与情感。中国发明的造纸术对整个人类文明的进程具有最基本也是最重要的影响。随着社会的进一步发展，传播媒介在不断更新，但纸在文明的传递中所起的作用仍不可替代。

今天，绝大多数的纸张已采用机械化方式进行生产，但其基本原理仍源自中国古代传统造纸技术。传统的造纸技术是将植物纤维体在水中捣碎，然后将其置于精细的帘席上，滤去水分，将剩下的一层纤维体晾干，形成了绵薄的纸片。这一基本技术经过不断地改进，逐步形成了切断原料、沤制、打浆、抄造等主要造纸工序。纸张制作过程较为繁杂，既有物理过程，也有化学过程，且操作技术复杂。长期以来，东汉蔡伦被视为造纸术的发明者。但是，一项发明不是突然出现的，更不是一个突然间的惊人发现，也先后经历了萌芽到成熟、简单到复杂的过程。这项技术依赖于前人的不断探索，是生产技术发展到一定水平上而出现的结果。正如周培源先生所说："在人类历史上，一项重大科学技术的发明完成之前，会有不少这样或那样的初步设想与雏形品出现，这是符合人类认识与改造客观世界的规律的"。20世纪，考古发现了一些西汉时期的纸张，因此出现了否定蔡伦发明造纸术的观点。根据客观发展规律，在蔡伦之前的西汉时期出现纸的雏形是有可能的。我们不能因为西汉出现了纸的雏形，就忽略蔡伦对造纸术的贡献。东汉元兴元年（105年）蔡伦总结前人经验，改进造纸工艺，使用废旧麻料、树皮等为造纸原料，扩大了造纸原料的选择范围，降低了造纸成本，提高了纸张质量。4世纪，廉价而轻便的纸张逐渐代替了价格昂贵的缯帛和笨重的竹木成为主要的书写材料。4～10世纪，麻、藤、树皮、竹等原料的应用，床架式抄纸帘的使用以及施胶、涂布、染色等造纸工艺的改进，藤纸、"澄心堂纸"等名贵纸张的出现，标志着我国造纸术步入了成熟发展时期。10世纪以后，竹纸和麦稻杆纸的生产技术日趋完善，大幅匹纸的成功抄造，“金粟山藏经纸”“宣德纸”等名纸的生产，纸钞的流通，《纸谱》《天工开物·杀青》等造纸技术著作的问世，都是我国古代造纸技术日益发达和普及的见证。造纸术的发明，带来了书写材料的根本性变革，并直接导致印刷术的普及，各种社会生活信息以纸为媒介而得到迅速传播，传统的书法绘画艺术也以纸为载体而得以流传和发展，散发出独特的艺术魅力。因此，造纸术在中国文化发展中起着举足轻重的作用，更是为世界文明的发展做出了重要贡献。

第一章

# 无纸时代

第一章

# 无纸时代

在纸张发明之前，我们的祖先就已经会用堆石、结绳、刻甲骨、契竹木、书绢帛等方式记事，甲骨、陶器、青铜器、石材、简牍和缣帛等也就因此成为早期的文字载体。墨子说：“吾非与之并世同时，亲闻其声，见其色也，以其所书于竹帛、镂于金石、琢于盘盂，传遗后世子孙者知之。”大量的考古发掘和历史遗迹为我们呈现了各种质地的“书写材料”。

## 一　甲骨文、金文和陶文

甲骨文是我国现在所知最古老而较为成熟的文字，距今已有三千多年的历史。它是殷人占卜和祭祀时的一种记录，一般刻在龟甲或兽骨上，因文字载体而得名甲骨文或卜辞。它记录了殷商时期的职官、军队、刑罚、农业、田猎、畜牧、手工业、商业等方面的内容，是研究古代中国早期历史与典章制度的重要资料。河南、陕西、山西等地都出土过商西周时期的甲骨，尤以河南安阳殷墟出土的甲骨最为人瞩目，总计超过15万片。作为文字的载体，龟甲以腹甲为主（图1），文字多为刻上的，也有先写后刻而成。兽骨以四蹄动物的肩胛骨为主，以牛骨的数量较多（图2），还有少数马骨、鹿骨、羊骨和猪骨。

图1　商　“古贞般有祸”全甲刻辞
（中国国家博物馆藏）

青铜器自商代起就成为了文字的载体，从最初刻写族徽图像、人名的几字发展到后来刻有几百字的长篇铭文，为我们记录了当时的战争、盟约、条例、任命、赏赐、典礼等许多重要历史事件（图3）。金文是指铸刻在钟、鼎等古代青铜器或其他金属器物上的铭文，从商周到秦汉均有使用。商周早期的金文多为范铸而成，稍晚期则为雕刻而成。金文所刻的位置并不固定，大多铸在器物

图2　商　“土方征”卜骨刻辞
（中国国家博物馆藏）

图4　新石器时代 刻画符号陶尊
（山东莒县凌阳河出土）

图3　西周 利簋及铭文（陕西临潼出土）

的内部，也有铸于器物主体的外面、盖子等处。由于青铜器可以长久保存，这些文字也因此流传下来。

我国新石器时代的陶器上已出现图文，在此后相当长的时间内，陶器曾作为重要的图文载体，但由于其易碎、不易久存，因此陶器上的文字字数较少。陶文主要刻写在陶器、砖瓦和封泥等陶质器物上，这些图文有的是在器物烧制前用工具刻画在陶坯上（图4），有的是用模压方法压印上去（图5），有的则是用笔书写到烧制好的陶器上（图6）。陶器上的图文有的是器物的装饰，有的记录了当时发生的历史事件，有的是昭文，还有吉祥语等内容。这些陶文的书写方式随着时代的不同有所变化，也间接记录了中国书法艺术的雏形。

图5　秦 陶量（山东邹县出土）

图6　东汉 朱书陶罐（陕西长安三里村出土）

## 二　玉石刻辞

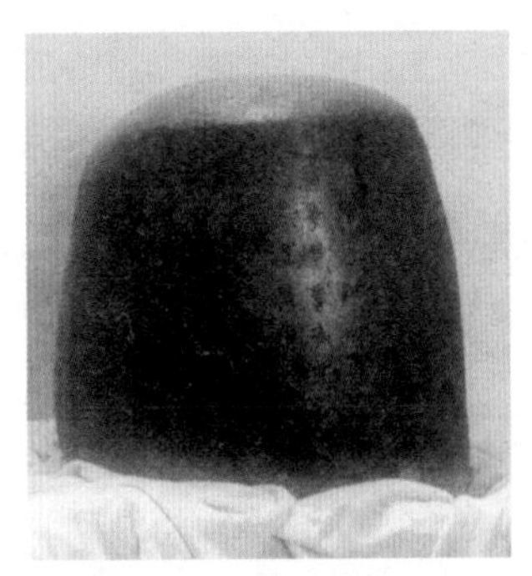
图7　秦 石鼓（传陕西凤翔出土）

石料作为文字载体的历史也十分悠久，从远古时期的石刻到汉代的石经，它已成为一种较理想的记录材料。石料重而坚硬、难以毁弃，便于镌刻文字且容量大，因而成为保留历史与文字艺术的重要材料。

石鼓被认为是中国现存最早的真正意义上的刻石，它以坚硬的岩石为原料，外形呈鼓状，四周刻有文字（图7）。石鼓大约制作时间争议较大，一般认为在春秋中期至战国晚期之间，记录了秦君一次大型正式的田猎活动。秦代则开始在粗加工的石碣上刻写纪念性文字，用以歌功颂德（图8）。

汉代以后，刻石的形式发生了变化，人们将石块加工成方碑形以刊刻文字，其形式一直沿用至今。这些碑刻记载了许多历史盛事、古代经典、宗教经文等，既保存了大量的史料，也成为汉字字体演变的重要实证。例如中国学术史上的巨作——“熹平石经”（图9）。“东汉灵帝熹平年间，因鉴于经书展转抄写，错误很多，所以用石材刻成定本立在太学，以便校对是正。至光和六年（183年），刻出七种今文经传，立石46块。刻石皆作长方形，每面约35行，每行约75字。当时前来瞻读摹写的人很多，每日有车乘千余辆，填塞街陌，成为学

图8　秦 琅琊刻石（中国国家博物馆藏）

图9　东汉 熹平石经（中国国家博物馆藏）

术史上的一件大事。”[①]除了刻写儒家经典外，佛教、道教的经文也大量刻于碑石、摩崖或洞窟等石材上，因此保留下大量的宗教经典。碑刻还引导了拓印方法的发明，进而促成了雕版印刷术在我国的诞生。

玉不仅被雕刻成饰品，也曾作为书写材料。在古代祭祀中，玉简具有重要的地位，其上书写或雕刻祭文。可能由于玉石上刻写文字不易，早期留存的玉石刻辞较少（图10）。

---

① 孙机：《汉代物质文化资料图说》，文物出版社，1991年，第288页。

图10　北宋 玉册（河南巩义出土）

虽然青铜器、陶器、石料等可以作为文字的载体，但在这些材质上刻写图文较为困难，效率很低，更是不便于携带，因此它们难以成为通用的书写材料。这些书写材料上的文字是“刻写”上去的，而不是用笔“书写”，简帛的文字才是真正意义的“书写”文字。

## 三　书于竹帛

在纸张出现以前，竹木曾是最为普遍的书写载体。竹片和木板经过加工处理后制成可以书写文字的材料，称为简牍，即“竹简”和“木牍”的统称。殷商时期,甲骨文中就已出现了“典”和“册”二字,“册”看上去很像是一捆编以二道书绳的简，“典”看起来更像是“册”放在几上，因此有人认为早在殷商时代就已经使用简作为书写材料（图 11）。1978 年湖北随县战国曾侯乙墓（公元前 433 年）出土二百多枚竹简，这是迄今发现年代最早的简实物。整简长度为 72 ~ 75 厘米，宽 10 厘米左右，简文墨书。从简上残存的痕迹看，系用上下两道细绳编成简册。

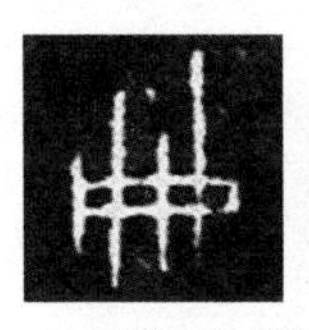

图11　商 甲骨文“册”“典”

简有竹简和木简两种，盛产竹子的南方地区多使用竹简，而北方地区则多使用木简。湖南长沙马王堆、湖北云梦睡虎地、湖北随县曾侯乙墓等南方地区墓地曾出土了大量的竹简（图 12），多为战国、秦汉之物；西北边陲的甘肃敦煌、酒泉、居延、武威及新疆等地则出土了大量的木简（图 13），多属汉晋时代。牍是指写字的木版，它比简宽，一般是单片使用，多用于记事、画图、写书信，还可以当名谒（相当于现在的名片）使用。牍用于书写物品名目或户口时，称为“籍”或“簿”。牍还用于画图，特别是画地图，因此古人常用“版图”代表国家的领土。牍亦是通信使用之物，多为一尺见方，因此信件也被称作“尺牍”。

图13 汉 木简（甘肃居延出土）

图12 秦 竹简（湖北云梦睡虎地出土）

使用时，上面必须加盖一块版以使书信内容保密，这块版称做“检”，相当于信的封套。在检上面写收信人和发信人姓名，称为“署”。检面上的印齿内有粘土，粘土称为“封泥”。检与牍捆在一起，捆扎的绳子要通过检面的印齿和绳槽，并在封泥上盖印，这样可以检验信是否曾被开启（图 14），这是以简牍为书写材料时期的通信方式。

简牍上的文字是用毛笔蘸墨写就的，可写于一面，也可以两面都写。写错了就用小刀刮去，叫做“削”。湖南长沙金盆岭晋墓中出土的青瓷对书俑，两俑相对而坐，中间置书案，案上有笔、砚、简册及手提箱，一人手执版，另一人执笔在版上书写（图 15）。此二俑当是文献中记载的校书吏，有人因此称之为“校雠俑”。根据文献记载，“一人读书，

图15　晋 青瓷对书俑（湖南长沙金盆岭出土）

图14　汉晋 佉卢文木牍（新疆民丰尼雅遗址出土）

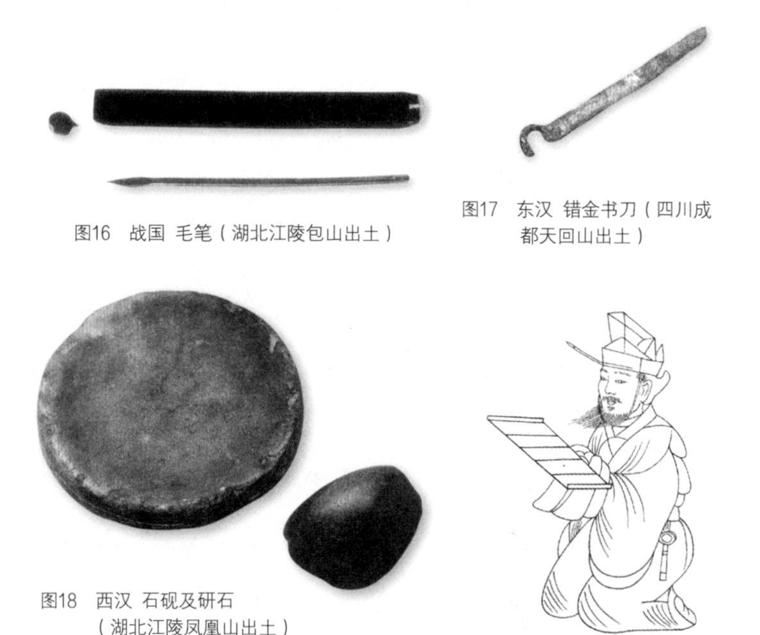

图16　战国 毛笔（湖北江陵包山出土）

图17　东汉 错金书刀（四川成都天回山出土）

图18　西汉 石砚及研石（湖北江陵凤凰山出土）

图19　汉 画像石上的簪笔佩书刀人物

校其上下，得谬误，为校；一人持本，一人读书，若冤家相对，为雠。”校对时一旦发现错误，就用刮刀将字刮掉，重新填写，案上笔、砚就是为重新填写而备置的。此外，考古发现的毛笔、石砚、墨、书刀等文书工具，也印证了这一时期的书写方式（图 16 ~ 19）。

简牍作为书写材料时，其长度并不统一，不同长度的简牍书写不同的文字内容。书写时，一支简一般只写一行文字，当连续书写多支时，需按顺序用书绳编连起来，称为简册（简策），这是我国最早的正式书籍形式。简册内容大都为经典、官方文书、私人信函、历书、启蒙读物、辞书、法律典章、医方、文艺著作以及其他记录，我国早期的文化著作都是写在简册上的。简牍对中国书籍和文化的保存与传承产生了重要而久远的影响：以竹木简编连而成的简册是中国书籍的祖先；中国文字由上而下、由右向左的传统书写方式即起源于简册；书本的版式及与书有关的各种名词也起源于简册。造纸术发明后，简牍仍然作为过渡性的书写材料使用过很长的一段时间。

丝绸是中国古代重要的发明之一，它不仅是重要的服装原料，也被用于书写文字。根据考古发现，至迟在公元前 7 世纪或 6 世纪时，

图20　西汉《长沙国驻军图》（湖南长沙马王堆出土）

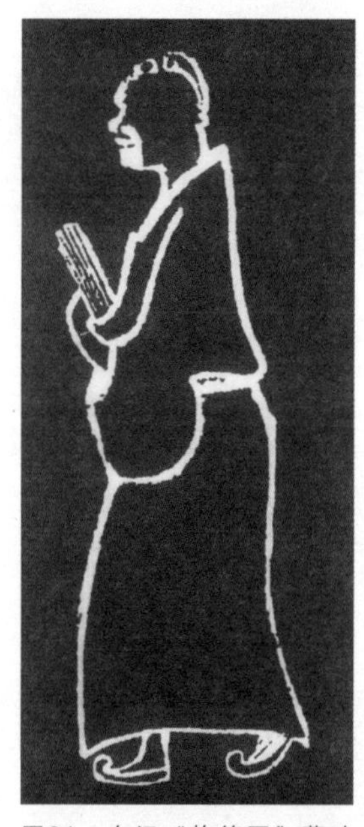
图21　东汉“抱简图”墓砖（原砖藏加拿大皇家安大略博物馆）

中国人已使用缣帛作为书写材料。中国古代的丝织品种很多，缣帛是书写用丝织物的统称。战国以来，“竹帛”常用来代表文字的记录。当时，人们一般先用竹简书写草稿，定本时再誊抄于帛上。有时也会在竹简上书写文字，再用缣帛绘图，合而成书。湖南长沙马王堆汉墓发现的大批西汉时期的帛书和帛画，其中帛质地图最负盛名（图20）。缣帛柔软、轻薄，可以任意剪裁、随意舒卷，易于携带，而且缣帛易吸收墨汁、书写清晰，比简牍更适合用作书写材料，但其价格昂贵，普及非常困难。

作为书写材料，简牍的缺点是书写量有限，笨重难于携带，而帛则价贵难得，不易普及，如史书所说“缣贵而简重”（图21）。随着社会经济与文化的发展，如何创造轻巧、廉价的新型书写材料成为社会发展的迫切需要。造纸术在这样迫切的社会需求和必要的技术准备中应运而生，给人类书写材料带来了巨大变革。

第二章

# 纸的发明

第二章

# 纸的发明

纸的发明，是一项文化史上的不朽之作，开创了人类图文载体的新纪元。一般认为，东汉元兴元年( 105 年 )蔡伦将制纸法上奏给汉和帝，标志着造纸术的发明。实际上，在蔡伦发明造纸术以前，中国人已尝试用各种纤维造纸，以便取代昂贵的缣帛和笨重的简牍。迄今为止，多次考古发现了早于"蔡侯纸"的"古纸"，但这些纸的结构松弛、强度低，满足不了书写的要求，只能说是纸的雏形。这种纸的出现，在某种程度上反映了人们探索造纸的历程。

## 一　雏形纸

"如果'纸'的定义是指以任何纤维通过排水作用所粘成的一种

薄页，那么纸在西汉或更早的时代就已经存在了。”[①] 长久以来，人们对蔡伦发明造纸术的质疑不断，早在宋代就对此产生了疑问。在蔡伦发明造纸术以前，“纸”字已出现于文献记载，考古发掘中也有早期纸的出现。

1975 年湖北云梦睡虎地战国秦墓出土的《日书》简中有“纸”字出现，此简为秦昭襄王（公元前 3 世纪）之物。但由于此简出土时字迹笔画已有漫漶，学者将此字训为“纸”“抵”“抵”等，即便是训为“纸”字，其解释也不相同。钱存训先生认为，“纸”出现于秦简，“煮草鞋成纸”间接表述了麻是造纸原料之一，说明纸在战国后期就已存在。同时，还举出美国私人收藏的战国漆马内有纸胎，论证了西汉以前古纸的出现，这些有待于进一步去研究、考证。

在古代文献中，“纸”出现的时代亦早于蔡伦造纸。《三辅故事》述及汉太始四年（公元前 93 年）“太子持纸蔽其鼻而入”，这是“纸”在文献中的最早记录，此字在文中当指绢帛手巾之物。《汉书·外戚传》述及元延元年（公元前 12 年）事件，提到用于包药的“赫蹄”是一种薄纸，上面可以写字。研究者认为，“赫蹄”是古代用于写字的丝质纸，可能是丝絮纸，也可能是缣帛。东汉应劭《风俗通义》记录了汉光武帝（公元前 5 年~公元 57 年）“车驾徙都洛阳，载素简纸经凡

① 钱存训：《书于竹帛》，上海书店出版社，2003年，第110页。

二千辆”，这里的纸是指书写文字的缣帛。《后汉书》中有“自古书契，多编以竹简，其用缣帛者，谓之为纸”的说法，“纸”字的系旁也与丝织品的材质有关，因而在东汉及以后的著作中，常将帛经书称为纸经或用纸字注释帛书。《续汉书·百官志》的“右丞假署印绶及纸墨诸财用库藏”、《后汉书·和熹邓皇后传》的“岁时但供纸墨而已”中的“纸”多指写有文字的缣帛。

这些文献中的“纸”是古纸，其与今纸有所区别，“古纸，是丝絮所成；今纸，纤维所造”，蔡伦所造的纸当指今纸，而文献中的古纸实际上是指缣帛或丝絮纸。缣帛是一种丝织品，是早期的书写材料之一。丝絮纸曾出现在中国古代造纸史上，但持续时间短、产量小。据记载，我国在西汉时期已有絮纸。人们在煮漂蚕丝的过程中，将蚕丝置于竹席上打絮，打出的上乘者为绵，剩在竹席上的残絮晾干后取下，成为一层薄薄的絮片，即为絮纸。絮纸虽能在上面写字，但其丝纤维没有像植物纤维纸一样经过打浆、抄造等工序，如果被浸到水中，就会重新分散，因此不是一种真正意义上的纸。纸，是指纤维原料经过切断、制浆、打浆，然后悬浮在某种载体中，加入或不加入附料，用网帘滤成型而制成的适于书写的植物纤维薄片。丝絮纸与植物纤维纸是两种截然不同的物质，它们从原料、制作方法到使用价值都不相同，更不能以丝絮纸的出现来代替蔡伦造纸。

20 世纪以来，考古人员在我国西北部陆续发现了公元前后的纸片，

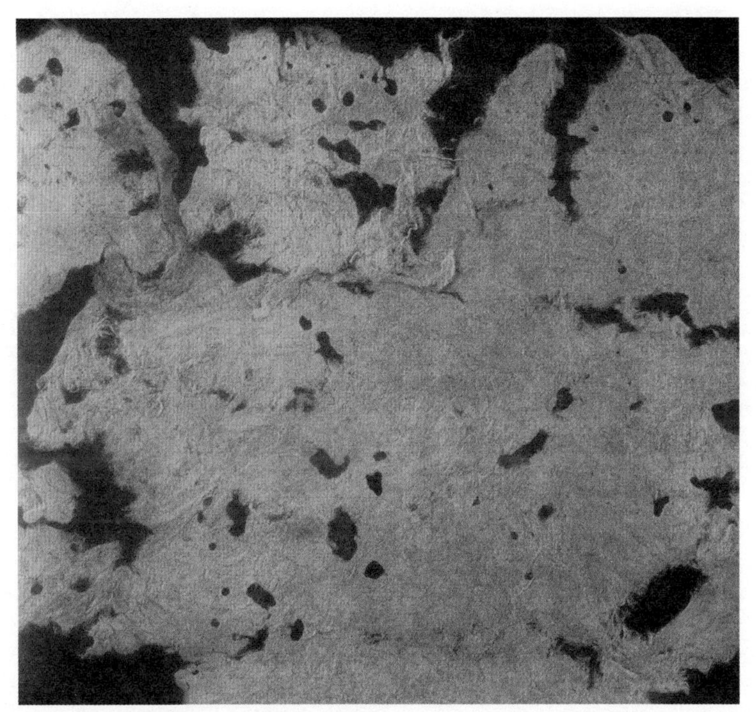

图22　西汉 肩水金关纸（甘肃居延金关出土）

“金关纸”“中颜纸”“马圈湾纸”“悬泉置纸”等显示了早期中国造纸技术日趋完善的过程。

1973 ~ 1974 年甘肃居延金关出土了两片汉代麻纸。较大一片麻纸（图 22）色泽白净，薄而匀，质地细密坚韧，含微量细麻线头，同一处出土的简最晚年代是宣帝甘露二年（公元前 52 年）。另一片为暗黄色，质地较为稀松，含麻筋、线头和碎麻布块，出土地层属于哀帝建平（公元前 6 年～公元前 3 年）以前。经过对这两片麻纸进行分析可知，麻纸由废旧麻絮、绳头、线头、布头及少量丝质材料制成，它没有经过正式的荡料抄造过程，质地粗糙松弛，表面凹凸不平，纤维束多并起毛，但由于它经历了初步舂捣和一定程度切断的基本工序，从纸本身看，可以视为纸的雏形和原始纸。

1978 年陕西扶风中颜村发现汉宣帝（公元前 73 年～公元前 49 年）时期的窖藏，在铜器内发现几个纸团，属于宣帝时期遗物，被称为“中颜纸”。此纸为麻质，质地粗糙，表面可见麻段、麻束，无帘纹。该纸与金关纸类似，仅将麻质废料经过简单的切、舂（或捶打），晾干成薄纸片。它属于纸的初步形态，尚不具有书写功能，可视为纸的雏形。

1979 年甘肃敦煌马圈湾发现五件八片西汉成帝至王莽新朝时期（公元前 32 年～公元 23 年）的麻纸（图 23），出土时均已揉皱，颜色有黄色、土黄色和白色，质地有的细匀，有的粗糙。简牍记载的年代，最早为元康元年（公元前 65 年），最晚为王莽始建国地皇二年（公元 21 年）。由此推断麻纸也是这一时期的遗物。轻工业部造纸研究所对其中两片麻纸样品进行了分析检验：马圈湾出土的古纸片，纸质不同，具备了相应的使用价值，而且这种纸显示了明显的纸结构现象，不是采用简单生产方法制作而成，运用了加填、涂布等工艺。由此推断，这类纸应该是东汉晚期乃至以后的产物，应是东汉蔡伦发明造纸术后所制作的纸张。

图23　东汉 马圈湾纸（甘肃敦煌马圈湾出土）

图24 东汉 悬泉置带字纸（甘肃敦煌悬泉置出土）

1990～1992年甘肃敦煌甜水井悬泉置遗址发现汉代麻纸460余件，写有文字的残片10件（图24）。按照同出简牍和地层年代，可将10件有文字纸片分为3个时期：3件属于西汉武帝、昭帝时期，纸上写有药名，纸呈白色，纸面粗而不平，有韧性。根据纸的形状和折叠痕迹，当为包药纸。4件属于西汉宣帝至成帝时期，纸上写有草书，黄色间白，质细而薄，有韧性，表面平整光滑。东汉初期的纸2件，纸上写有隶书，黄色间灰，质地松疏，粗糙。另有1件为西晋纸。轻工业部造纸研究所曾对部分纸样进行检测分析，纸中有树皮浆，树皮造纸始于蔡伦，由于树皮造纸有一定的难度，蔡伦发明的造纸术比较好地解决了这个技术问题。此外，纸中还含有胶料、填料等物质，这也是较晚出现的纸张加工技术。

考古发现证明，西汉时期确有纸的存在，但这种纸没有对纤维作充分舂捣、分散，没有抄纸、定型、干燥等过程，因而纸的结构松弛，强度低，表面凹凸不平，多麻筋、线头，满足不了书写的要求。实际上，在西汉或东汉初期，出现纸的雏形是有可能的。古人很早就将丝、麻作为衣物原料，在处理原料的过程中，会留下一些纤维。“麻、丝都是些贵重纺织材料，包括用过的破布，我们的祖先决不会把它轻易丢弃，必然要想法回收起来继续使用，如麻筋、麻刀等。后来人们在此基础上，仿用古代制作丝絮纸和其他漂絮的办法，将麻絮、绳头等槌洗，在某种平面物上晾干，收集起来，也能得到比漂絮、麻筋等更平坦的东西，这就是纸的雏形。从造纸的角度说，它经历了初步的切断和槌洗过程，但没有对纤维作充分舂捣、分散，没有抄纸成型，也没有定形干燥等，只是自然成形，槌打也只是轻度的。而植物纤维纸是靠氢键结合的，足够的舂捣必不可少，否则纤维就不能很好地结合在一起。由于没有符合造纸要求的剉、捣、抄，因此雏形纸一般结构松弛，表面凹凸不平，麻筋线头多见，强度低劣，满足不了书写要求，谈不上代替缣帛作为书写材料，而且它只作废品回收，没有形成产业。”[1]这种雏形纸尚不能作为书写材料，也无法与蔡侯纸相媲美，但它为纸的发明奠定了基础，其价值仍不可忽视。

---

① 王菊华：《中国古代造纸工程技术史》，山西教育出版社，2006年，第79页。

## 二　蔡侯纸

据记载，东汉和帝元兴元年（105 年）蔡伦（图 25）将改进的造纸术上奏朝廷，成为造纸术逐渐完善和普及过程中的一位重要人物，开创了造纸术的新篇章。虽然在蔡伦之前已有纸的存在，但蔡伦总结了西汉以来的造纸经验，从纸张的原料、制作方法等方面进行了创新，制成了原料充足且成本低廉的纸张，开创了人类书写材料的革命。

图25　蔡伦像

《后汉书·蔡伦传》详细讲述了纸的发明人、发明时间及造纸原料，后人多是通过这篇传记来认识造纸术的起源。“蔡伦字敬仲，桂阳人也。以永平末始给事宫掖，建初中，为小黄门。及和帝即位（公元89年），转中常侍，豫参帷幄。伦有才学，尽心敦慎，数犯严颜，匡弼得失。每至休沐，辄闭门绝宾，暴体田野。后加位尚方令。永元九年（公元97年），监作秘剑及诸器械，莫不精工坚密，为后世法。自古书契多编以竹简，其用缣帛者谓之为纸，缣贵而简重，并不便于人。伦乃造意，用树肤、麻头及敝布、鱼网以为纸。元兴元年（105年）奏上之，帝善其能，自是莫不从用焉，故天下咸称‘蔡侯纸’。”《东观汉记》中谓：“作典上方，作纸，用故麻造者谓之麻纸，用木皮名榖纸，用故鱼网名网纸。”根据这些记载可知，蔡伦不仅使用麻头、敝布、渔网等废旧麻料作为造纸原料，也使用树皮等植物纤维造纸。麻头是废旧的麻絮及纺织、制造绳索的下脚料；敝布则是穿用过的麻布衣服；鱼网也是由麻线编织而成。这些废旧麻料较为廉价，降低了纸张成本，而且还省去了沤麻工序，使打浆工序更为简便。从考古发现的纸片成分来看，早期纸张是以麻纸为主，可能是较多使用了这些废旧麻料进行造纸。但是，废旧麻料的来源毕竟有限，不能大量供应造纸，因此蔡伦还发明了皮纸的制作技术。树皮的来源充足，将其添加到造纸原料中，经过反复舂捣、沤制脱胶、强碱蒸煮等工序进行处理，可以制作出高质量的皮纸。但这种纸的制作远比用废旧麻料制纸复杂，这种新原料与新方法乃是蔡伦的贡献。蔡伦的造纸技术不仅扩大了造纸原料的选择来源，还开辟了后代皮纸制造技术的先河，实现了造纸技术史上一项重要的突破。蔡伦对造纸技术的贡献还体现在他改进、推广了新的造纸技术，应用剉、煮、捣、舂、抄等多道工序，这些造纸工艺与造纸原理至今仍为人们所用。根据文献记载，结合对东汉、三国时期发现的纸品分析可知，蔡伦发明的剉、煮、捣、舂、抄等主要技术环节、工艺步骤，对后代造纸具有重要影响。与现代工艺相比，缺少了沤洗环节，这是由于使废旧麻布为原料。剉，可以将原料分散成适宜造纸的短纤维，也利于取得较好的舂捣效果。蒸煮，可以加快分解树皮的外皮、木素、果胶等物质，分离出适宜造纸的韧皮纤维。漂洗，将已分解并溶于水中的杂质及残留在

图26　东汉 带字纸（甘肃武威旱滩坡出土）

水中的灰浆洗除。舂捣，就是打浆的过程，通过捶打产生较好的纤维结合力，这是造纸的关键工序。抄纸，纤维经过舂捣后悬浮于水中，用抄纸帘过滤成湿纸页。干燥，是将抄出的湿纸放置在纸帘、木板或墙上晾干。蔡伦发明的这些造纸工艺为后来造纸技术的发展开辟了广阔的道路，将中国造纸在质量和数量上推到新的阶段。

蔡伦改进造纸术后，我国逐渐形成了一套完整的造纸工艺，造纸技术日渐改进，纸的质量和产量均有大幅度提高，为价廉物美、携带方便的纸张逐渐取代简帛成为主要书写材料提供了条件。1974 年在甘肃武威旱滩坡东汉末年墓中发现了三层黏在一起的纸，纸面平整，涂层均匀，纸上有用汉隶写成的字，其中字迹明显可辨的有“青贝”等字（图 26）。科学分析表明，旱滩坡纸至少经过了浸湿、切碎、洗涤、浸灰水、蒸煮、舂捣、二次洗涤、打浆、抄纸、晒干、揭压等多道工序，显示了在制造工艺上较前代有很大改进。1987

年甘肃兰州伏龙坪出土三片圆形墨迹纸张（图27），它们叠放在一面铜镜之下，是镜囊的垫衬之物。三片墨迹纸中有两片保存完整，文字主要内容是求医问药和嘘寒问暖之辞，书体分别为行楷和草书。从书体来看，此纸应为东汉末年至魏晋初年之物。该纸为麻纸，纸面薄厚均匀、光滑且有帘纹，显现出二次加工的痕迹。在显微镜下能清楚地看到麻纤维，且纸的含钙量较高，说明当时造纸已使用了施胶、加填工艺。纸中加入填料既能节省纤维原料用量又能改善纸面平滑度和白度，这就从考古实物上证实了蔡伦发明造纸技术以后，纸的品质得到了很大改进，已达到代替缣帛作为书写材料的水平。

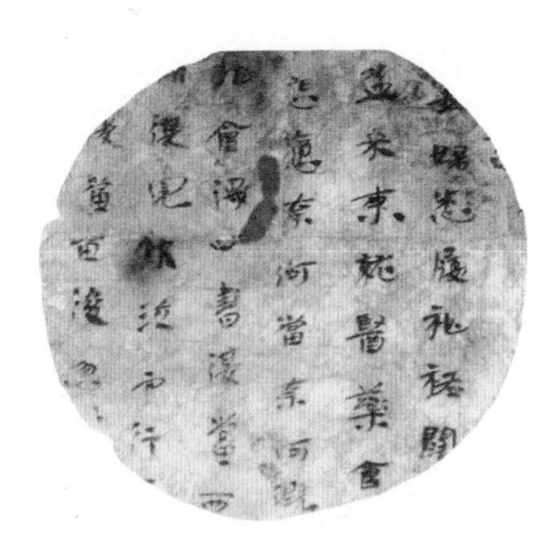

图27　东汉　书信用纸（甘肃兰州伏龙坪出土）

蔡伦纸出现以后，制纸的成本大大降低，纸的使用日益普及。随着纸张的普遍使用，人们更加重视纸的加工技术，已使用研光、加填、涂布等工艺。由于早期造纸技术不是十分完善，所制造的纸张相对粗糙，书写时会出现洇水现象。为解决这些问题，造纸工匠们发明了纸的加工技术——研光。研光是用光滑的研石将凹凸不平、粗糙的纸面磨平、砑实，将纸面的刷痕消除，经过砑光处理的纸张平滑而有光泽。东汉末年，在山东东莱出现了造纸名家左伯，他制作的纸张精细、平滑、洁白，是人们所公认的最佳书写材料，人称左伯纸“妍妙生光”。这种纸可能就是经过了砑光加工，而且砑光技术已相当成熟。砑光技术是在造纸术发明之后不久出现的，应是为了避免纸张粗糙而采用的办法，因而开启了中国古代加工纸技术的先河。

由于造纸技术的不断改进，纸在书写领域内的优势逐渐显示出来，正像晋人傅咸在《纸赋》中所称赞的，用纸写信，既可免于传递笨重简牍之苦，又可节省昂贵缣帛之资，纸的质美、价廉、轻便、适用的特性得以体现。纸的发明亦使书籍变得便宜，私人著述盛行。两汉时期记载了诸多儒士、太学、郡县用书以及皇家收藏的书籍，这些都与纸的发明密不可分，书写材料的变革时代就此来临。

第三章

# 造纸术的成熟

第三章

# 造纸术的成熟

两汉时期是中国古代造纸术酝酿、发明阶段，到晋唐时期则进入了全面发展阶段。麻、藤、楮树皮、桑树皮、竹等各种新的造纸原料得以应用，床架式抄纸帘等造纸设备的创新，施胶、涂布、染色等造纸加工工艺的出现和改进，使纸张的质量与生产效率不断提高，用途更加广泛。“晓雪”“春冰”是当时古人对洁白轻飏纸张的赞美，是造纸术不断进步的写照。“舒卷随幽显，廉方合轨仪。莫惊反掌字，当取葛洪规”，则表现了古人对纸的珍惜。

## 一　纸张用途的转折

两汉时期出现了造纸术，但由于生产力水平的限制，从汉至魏晋时期，书写材料一直是缣帛、简牍和纸三种并用。特别是成本低廉的简牍，在 2 ~ 3 世纪时，仍作为主要的书写材料。1996 年湖南长沙走马楼发现数十万枚三国孙吴时期的简牍，即是这一史实的最好反映。4 ~ 5 世纪时，简牍的使用才逐渐减少，纸的应用逐渐增多。404 年，东晋豪族桓玄颁布“以纸带简”令，终止了简牍书写的历史，纸终于成为主要的书写材料。因此说，魏晋南北朝时期是我国纸张使用的重要转折期，纸张进入了社会生活的每一个领域。

官府使用不同质地、颜色的纸张书写文件，私人也使用纸张书写家书、请柬等进行联络。由于大量纸张用于公私文件的书写，推动了纸的普及，而抄书之风的盛行，进一步扩大了纸的使用范围。西晋时，著名文学家左思曾作《三都赋》。此文问世后，在京城洛阳广为流传，人们竞相传抄，造成了洛阳市场上的纸价一时间昂贵了几倍，原来每刀仅千文的纸一下子涨到两千文、三千文，后来竟倾销一空，许多人只能到外地买纸来抄写，以致当时流行有“洛阳纸贵”的说法，反映了当时抄书风气的盛行。由于纸张的普遍应用，促进了书籍的发展，纸本书籍逐渐代替了简册，大量的文献著作被保存流传下来。晋唐时期，用于抄写书籍的纸张用量巨大，这从当时政府的藏书数量上可以窥见一斑。西晋初期官府藏书达 29945 卷，东晋孝武帝时官府藏书达 36000 卷，另外，还有许多无法统计的涉及到历史、地理、文集、科技著作、语言文字等各个方面的私人藏书。可见，纸的发明，对汉代以后中国文化的普及、传播具有不可估量的作用。

纸张的出现还将中国的书法、绘画艺术带入到新的境界。绵软、洁白、光滑的纸张作为文房用品，成为最具中国古代文化特色的书法、绘画艺术的重要载体。故宫博物院所藏的西晋书法家陆机的《平复帖》（图 28）是我国早期的法书墨迹，字体端美凝重，笔锋圆浑遒劲，是典型的晋代书法作品。晋代出现王羲之、王献之这样杰出的书法家，在

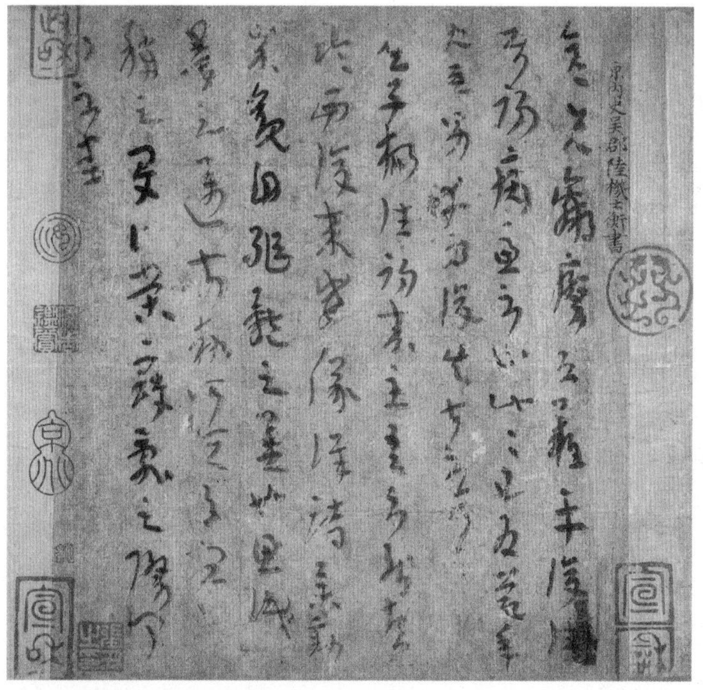

图28　西晋 陆机《平复帖》（故宫博物院藏）

图29　东晋《墓主人生活图》（新疆吐鲁番阿斯塔那墓出土）

一定程度上应归功于纸的普及。用毛笔在狭窄的竹简上写字，空间上受到很大局限，即使在较宽的木牍上书写，也难以充分施展，而洁白、平滑、柔韧的纸为书法家们提供了良好的笔墨技巧的展示空间，他们在纸上纵情书写、绘画，笔墨的艺术魅力得以充分展示。在纸张上进行书法创作的过程中，汉字字体也开始发生变化。晋以后，汉字书体在承袭篆、隶余风的基础上，开创了楷、行、草等新书体。这些都与造纸技术的进步、纸张吸墨性有着一定的关联。自晋代开始，中国绘画艺术发生了质的飞跃，纸张逐渐成为绘画材料。1964 年新疆吐鲁番阿斯塔那出土的东晋时期《墓主人生活图》纸画是现存最早的纸本绘画作品，绘画用纸由六张小纸拼接而成（图 29）。纸作为书法、绘画媒介的优势已初现端倪，也促进了纸张为适应书画艺术发展不断改进加工工艺。

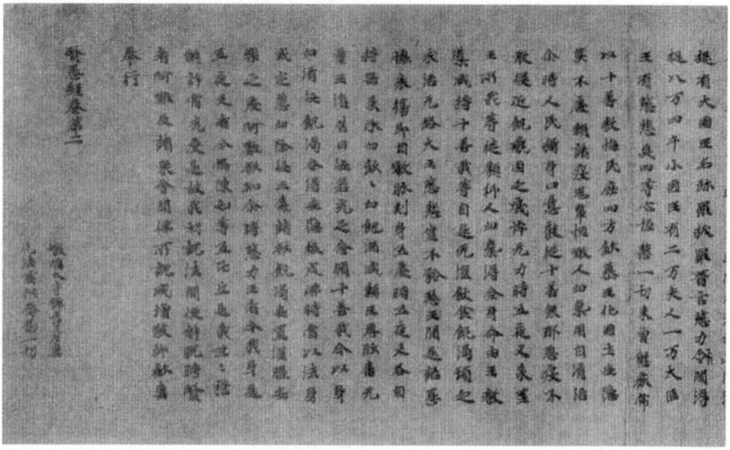

图30　西魏《贤愚经》局部（甘肃敦煌出土）

此外，纸张还大量用于抄写佛经，为佛教文化在中国的传播提供了便利的条件。佛教在两汉之际传入中国，从汉灵帝时（168 ~ 189 年）开始就有人从事翻译佛经的工作。大量佛教经典的翻译，对中国文化、社会生活和学术研究都产生了深刻影响。人们对佛教尊崇的主要表现形式是雕造佛像和抄写佛经，隋唐时期，抄写佛经的风气达到了惊人的地步，佛教僧侣亦鼓励信徒大量抄写佛经或从寺院购买抄写好的佛经，以得到佛的保佑。甘肃敦煌莫高窟藏经洞中的纸质文件多半为佛经（图 30），足见纸张在佛教发展过程中的重要作用。

除作为文字载体外，纸在其他领域也有所应用。唐代纸质的“飞钱”，类似于现代的汇票，作为票据曾在一定范围内代替金属货币使用，可视为纸币的先驱。唐人还用藤纸包装茶叶，用纸糊窗、用纸质屏风装饰家居，用纸质冥器、冥钱来进行祭祀。新疆就曾发现唐代的纸质冥器，纸帽、纸鞋、纸棺、祭祀鬼神的纸钱等。此外，有些陶俑的手臂也是用纸做成的（图31）。纸张的用途从文化领域扩展到日常生活领域，人们对纸张的需求不断扩大。

图31　唐 陶俑（新疆吐鲁番阿斯塔那墓出土）

## 二　造纸原料的拓展

纸的大量使用，推动了中国古代文化的进步与发展，而日益繁荣的文化也必然促进纸张的产量与质量的提高，也促进了造纸原料的扩展与造纸技术的发展。中国古代造纸原料多选取长纤维植物，尤其侧重来源充足、成本低廉而易于处理的植物。这些植物包括大麻、黄麻、亚麻、苎麻等韧皮植物，藤、楮、桑等木本植物，竹、芦苇和稻杆等禾本植物，棉花等种子植物。晋唐时期，除了使用传统的麻作为造纸原料外，藤、桑、楮等作为皮纸原料被广泛使用。隋唐时期，皮纸制作技术渐趋成熟，所生产的皮纸绵软细薄、平滑洁白，比麻纸更适于高级书画之用，皮纸逐渐取代麻纸成为常用纸张。

麻是最早采用的造纸原料，目前考古发掘的早期纸张多为麻纸。麻在我国有着悠久栽培历史，商周以来在黄河流域多有种植，为纺织和造纸提供了资源。在植物纤维中，麻类纤维的性能最佳，适宜造纸，且处理过程简单。自汉代以来，麻纸在纸产品中占有主导地位。两晋

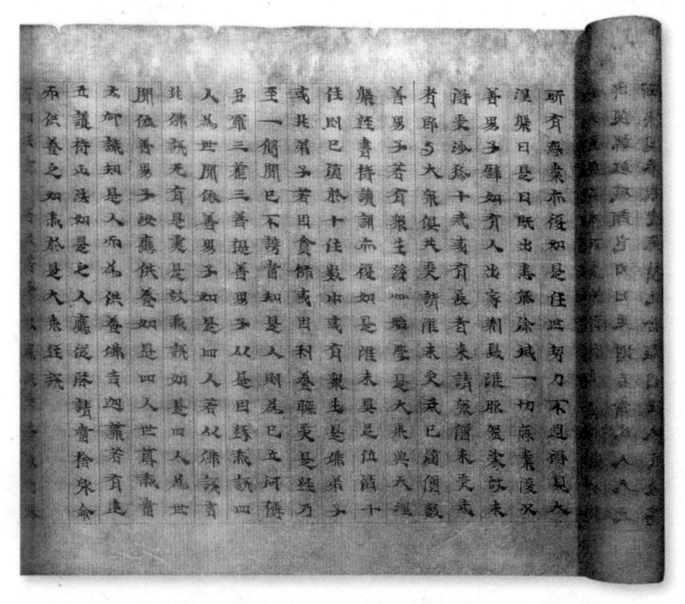

图32　北朝 白麻纸（甘肃敦煌出土）

南北朝时期，麻纸生产进入鼎盛发展阶段，其质量比前代有了很大提高。随着造纸技术的提高，麻纸的表面由粗糙变得平滑洁白，质地细薄，结构较紧密，纤维束较少并有明显的帘纹。甘肃敦煌藏经洞出土了许多写经麻纸（图 32），其色泽洁白，表面光滑，纸质坚韧。除了一般写字纸之外，麻纸也是书法家的选择。故宫博物院收藏的唐杜牧《张好好诗》（图 33）写于麻纸上，书法用纸比一般书写纸张的要求更高，可见这一时期麻纸制造已达较高水平。麻纸是南北朝时期的主要用纸，除了本色外，麻纸也被染成褐色，或黄褐色、黄色等。唐代，麻纸仍作为常用纸张使用。四川益州麻纸最为有名，其厚重、耐用，是唐代藏书的首选纸张。

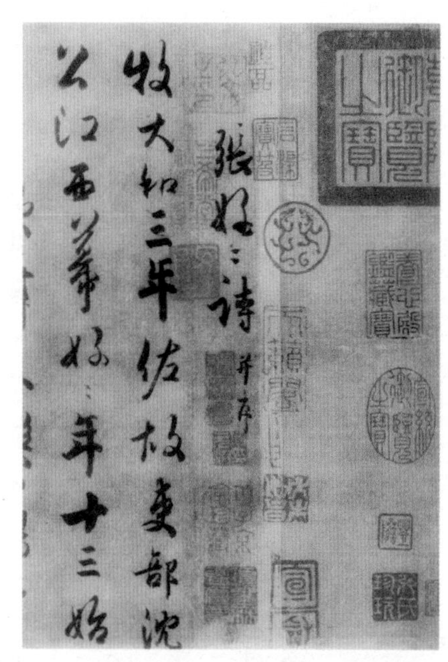

图33　唐 杜牧《张好好诗》局部（故宫博物院藏）

隋唐以后，随着印刷业的兴起，纸张需求量迅猛增长，而麻的产量有限，且有纺织之用，因此唐代以后麻纸生产逐渐衰弱。人们要寻找更为廉价易得的原料，于是藤、楮、桑等木本植物的韧皮纤维成为主要造纸原料。隋唐时期，由于社会政治经济形势出现了变化，也为人们寻找新的造纸原料提供了便利条件。由于造纸原料的选取，多以就地取材为主。东汉蔡伦改进造纸术后，形成了以东汉都城洛阳为主的造纸生产中心。但汉末至南北朝时期，由于战乱不断，社会经济遭到破坏，特别是黄河流域遭受严重创伤。长江以南逐渐成为避难之所，社会经济重心发生转移，造纸生产中心也向江浙一带转移。南方经济的发展促进了文化的发展，读书、抄书、藏书之风盛行，对纸张的需求量不断增加。南方地区的造纸原料丰富，不仅有麻类植物，还有藤、楮、桑等植物可以作为造纸的原料。而且，这一时期造纸技术已发展到一定的水平，可以使用以往无法利用的植物纤维进行造纸。根据就地取材的原则，人们也容易发现新的造纸原料。北宋苏易简《文房四谱·纸谱》中记述："蜀中多以麻为纸；……江浙间多以嫩竹为纸；北土以桑皮为纸；剡溪以藤为纸；海人（广东）以苔位置；浙人以麦面（秸）、稻杆为之……"此外，蜀及北方的楮树，皖南的青檀以及江南的瑞香都成为了造纸原料。造纸原料的丰富，为制造高品质的纸张奠定了基础。

这一时期，藤、楮、桑等木本植物是使用较多的造纸原料。木本植物造纸的记载最早见于《后汉书·蔡伦传》，蔡伦"造意"用树皮、敝布、鱼网等造纸，"造意"多解释为蔡伦使用树皮造纸，这是在造纸原料上的突破。隋唐以后，面对麻类原料短缺的窘境，人们选择藤、楮、桑等韧皮纤维作为造纸原料，改变了东汉以来麻纸生产占主导地位的局面。藤纸、楮纸和桑皮纸都属于树皮纸，这些植物纤维结构比较均匀，制造出来的纸表面平滑洁白且绵软细薄，比麻纸更适宜高级书画之用，唐韩滉所绘的《五牛图》使用的是桑皮纸（图34），唐冯承素摹王羲之的《兰亭序》使用的是楮皮纸（图35）。这一时期，以藤皮为原料的

图34　唐 韩滉《五牛图》局部（故宫博物院藏）

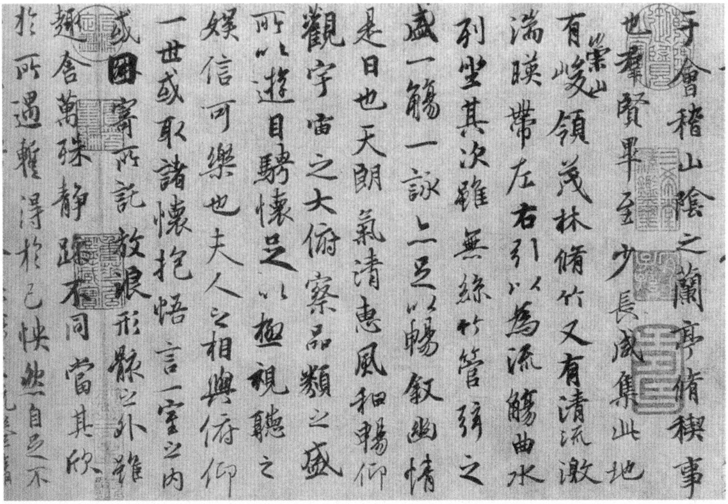

图35　唐 冯承素摹《兰亭序》局部（故宫博物院藏）

藤纸创造了中国皮纸制作的第一个高峰；以楮皮（或桑皮）为原料的澄心堂纸造就了皮纸制作的另一个高峰。

藤的韧皮纤维细而柔软，所制纸张细平、柔软、洁净，因而是造纸的最好选择。藤纸的原料是野生青藤皮，生长于浙江、江西的山溪两侧，具有得天独厚的材料优势。藤纸是一种质地优良的纸张，其表面光滑、细密，不留余墨，且十分耐用。两晋南北朝时期，浙江剡溪已是藤纸的生产中心。东晋时，以藤为原料的“剡藤纸”就名重一时。唐代，藤纸生产进入全盛时期，浙江剡溪的藤皮纸更是名闻天下，朝廷、官府文书都使用这种藤纸。藤纸的使用在唐代达到全盛时期，改变了自东汉以来麻纸占统治地位的局面。但由于藤的生长地区有限，成长缓慢，生长周期长，而唐代对藤林的过度采伐造成了资源的严重破坏，致使原料逐渐匮乏，藤纸产量日趋减少。宋代以后，藤纸逐渐退出了历史的舞台。

楮树皮是一种较早使用的造纸原料，隋唐逐渐成为主要原料之一。蔡伦曾以楮树皮造纸，被称为“縠纸”。縠为木名，又名构或楮，树皮可用以造纸。三国吴人陆机记载了縠及縠皮纸：“縠，幽州人谓之縠桑，或曰楮桑。荆、扬、交、广谓之縠，中州人谓之楮桑。……今江南人绩其皮为布，又捣以为纸，谓之縠皮纸。长数丈，洁白光辉。”北魏贾思勰在《齐民要术》中记载了楮树的种植与树皮处理方法。“……指地卖者，省工而利少。煮剥卖皮者，虽劳而利大（其柴足以供然）。自能造纸，其利又多。”隋唐时期，随着皮纸制作技术的成熟，楮皮纸的质量明显提高，得到文人的青睐，逐渐成为高级书画用纸。楮纸的纤维细长，便于二次加工，唐代出现的名纸“薛涛笺”“鱼子笺”“金泥纸”等都是使用楮纸再加工而成。晚唐时期出现的“宣纸”亦是在楮纸制作基础上再加工而成。

魏晋以来，南北各地都植桑养蚕，桑皮造纸也始于这一时期。桑皮是一种很好的造纸原料，它的纤维细长，有丝光，且柔韧性很强，以此为原料所造纸张具有细致平滑，有光泽，有强度，耐久性长等特点。此外，桑皮中的木质素容易脱去，因此纸面洁白度高。隋唐时期，桑皮纸已是书法、绘画、写经的常用纸张。

隋唐时期，中国用纸发生重要转折，逐渐从麻纸转用皮纸。蔡伦改进造纸术以后，在很长时期内，麻纸占主要地位，但麻纸较厚硬，表面粗涩，不适宜高级书画之用。伴随着书法绘画艺术的发展，改变纸张质量成为重要的目标，而皮纸细薄平滑，可令画幅生色增辉，因而逐渐取代麻纸成为高端纸品。五代十国时期的名纸“澄心堂纸”属于皮纸，其原料有桑皮和楮皮两种说法。“澄心堂纸”是南唐朝廷专用纸张，被公认为最好的纸张。澄心堂是南唐烈祖李昪在金陵（今江苏南京）宴居、读书及批阅奏章的殿室，南唐后主李煜命令内臣监造纸张，并将这些纸张储存在澄心堂，因此得名“澄心堂纸”。据说此纸的制造要求很高，纸工们要在冬季寒溪中浸泡原料，在腊月冰水中荡帘抄纸，然后刷在火墙上烘干，而且在抄纸时对纤维的提纯非常重视，以此法制成的纸“滑如春冰密如茧”，“坚洁如玉，细薄光润”。李煜将“澄心堂纸”称为“纸中之王”，只供御用，偶尔颁赐群臣。“澄心堂纸”传世非常稀少，普通文人可望而不可及。南唐灭亡后，少量“澄心堂纸”散落民间，宋代文人刘敞、欧阳修、梅尧臣曾有幸得到，他们都留有赞美“澄心堂纸”的诗句，更使“澄心堂纸”名声大作。宋代书画家们曾以使用该纸为荣，台北故宫博物院收藏的蔡襄《澄心堂纸贴》、上海博物馆收藏的宋徽宗《芦雁》、米芾的《苕溪诗》均使用了“澄心堂纸”（图 36）。作为一种名贵的书画用纸，从北宋一直到清乾隆年间“仿澄心堂纸”也不断出现，“澄心堂纸”标志着皮纸制作技术的第二个制作高峰。

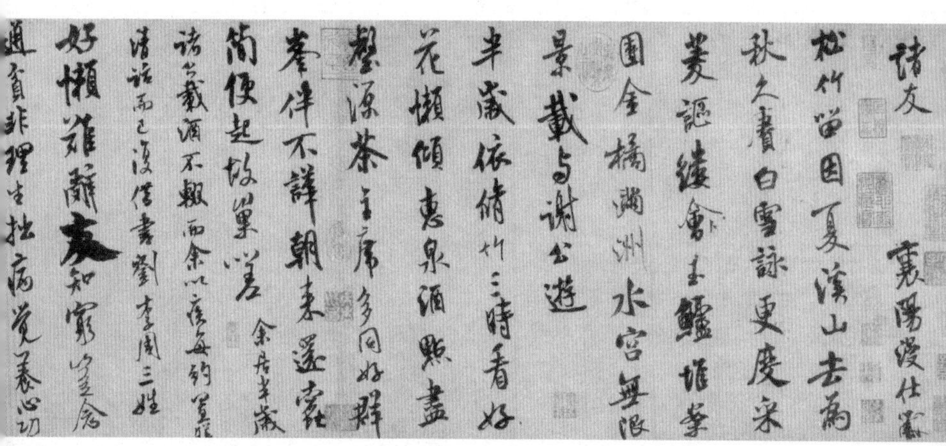

图36　北宋 米芾《苕溪诗》局部（上海博物馆藏）

## 三　造纸工艺的提升

这一时期，造纸技术比前代有明显的提高。首先，造纸原料加工技术加强，为提高纸张的质量奠定了基础。其次，床架式抄纸帘这种抄纸工具的发明更是引发了造纸技术史上的革命，不仅提高了纸张质量，还提高了纸张的生产效率。第三，施胶、涂布、染色等纸面加工技术更加完善，改善了纸张性能。

造纸原料的加工技术不断改善，特别是纸料的蒸煮、舂捣和漂洗过程得到了加强，纸张的白度得以增加，结构变得紧密，纸面更加平滑。特别是，唐代纸浆的净化程度很高，可以做到纸浆中无植物表皮组织的杂质，所以抄出的纸张洁白、细平。唐韩滉《五牛图》画心使用的纸张十分洁白，在一定程度上取决于造纸原料的充分漂洗。

床架式抄纸帘是晋代以后普遍使用的抄纸工具，今日民间手工造纸仍有使用。东汉蔡伦使用的抄纸工具争议较多，也缺乏文献与实物记录。距蔡伦不久的许慎《说文解字》对纸的解释“纸，絮一苫也。”“苫”被后人视为抄纸帘，可能是一种草帘。部分专家认为，蔡伦已使用活动竹帘与抄纸方法，但缺少依据。根据相关记载，可以确认在晋代已使用床架式抄纸帘，明代宋应星《天工开物》中对床架式抄纸帘及操作方法进行了详细介绍。它由帘床、竹帘和捏尺三部分组成，这三部分可以自由组合和分离，操作极为方便，又称“活动抄纸帘”（图37）。在床架式抄纸帘以前，多使用带框布帘或席帘。使用

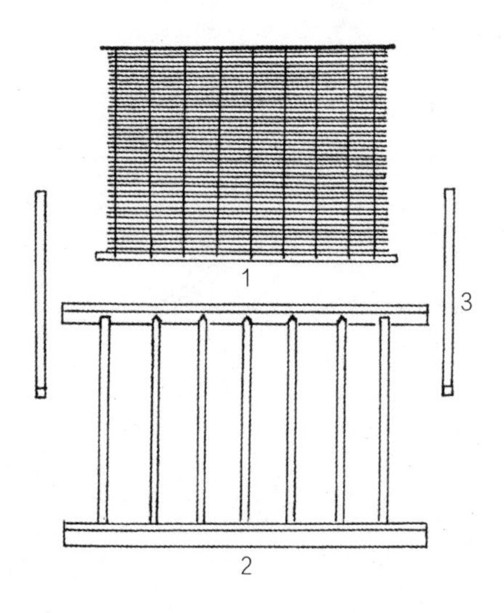


图37 床架式抄纸帘（示意图） 1：竹帘 2：帘床 3：捏尺

这种纸帘制纸多为“一帘一纸”，抄出的湿纸不能立即揭下，须半干或干燥后才能揭下来。在这种情况下，需要大量的纸帘才能满足纸张生产的需要，十分不便。而且，使用这种纸帘抄出的纸张厚薄不均，纸面也粗糙，难以满足人们对纸张的高要求。床架式抄纸帘解决了“一帘一纸”的问题，不用等待纸在帘模上干燥，随抄随揭，可在同一帘模上连续抄造出千万张纸，极大地提高了生产效率。由于是在同一纸帘上抄纸，纸张的薄厚程度也得到了统一，进而提高了纸张的质量。

这一时期，人们创新了施胶、涂布、施蜡、染色、施粉、洒金银、描金银等纸张加工和处理方法，增强了纸张的实用性和艺术性。除了进行造纸的工匠外，许多文人也参与纸笺的加工，促进了小型纸笺加工工艺的发展。

施胶、涂布、施蜡等技术主要用于改善纸的性能，将纸面纤维间的毛细孔堵塞，使纸不致于因吸墨而发生晕染现象，更适宜用墨书写。施胶是在造纸过程中将动物、植物、淀粉等胶剂掺入纸浆中或刷在纸面上，使纸的结构变得紧密，纸面更加平滑，纸的可塑性、抗湿性和不透水性都得以提高。我国至迟在晋代就已经使用施胶技术，比欧洲早 1400 多年。新疆吐鲁番出土的十六国后秦白雀元年（384 年）施胶纸是迄今发现最早的表面施胶纸（图 38），到唐代，施胶技术则是使生

图38　十六国后秦白雀元年 施胶纸（新疆吐鲁番出土）

纸变为熟纸的方法之一。涂布技术是对表面施胶技术的改进和技术转换，即将石膏、石灰等矿物粉颗粒用黏性物质平刷在纸面上，这样既可以像表面施胶一样增加纸的白度和平滑度，改善了纸张的吸墨性，还能克服表面施胶给纸带来的脆性和胶易脱落等现象。1965 年新疆吐鲁番出土的《三国志》残卷纸张就使用了涂布技术（图 39）。施蜡法始见于隋唐时期，它是将蜡均匀地涂在纸面上，使纸不仅透明度高，而且纸面光滑并具防水性。硬黄纸即后世所说的“黄蜡笺”，是唐代使用施蜡法生产的最著名的纸张，安徽省博物馆藏隋代经卷《法华大智论》就是写于硬黄纸之上（图 40）。

施胶、涂布、施蜡等技术主要是通过改善纸的性能来减轻纸在书写过程中存在的不足，而染色、砑花、洒金等技术则是为了美化纸的外观，适用于一些特殊要求。染色技术是使用天然颜料将素色纸染成有色纸的方法，既增加了纸的美观又改善了纸的性能。南北朝时期流行使用以黄蘗汁染成黄色的染黄纸，黄蘗汁既是黄色染料又能杀虫防蛀，对保护纸张和书籍具有良好的功效。黄色不刺眼，可长时间阅读而不伤目。在黄纸上写字，如有笔误，可用雌黄涂后再写，所谓“信笔雌黄”即由此来。当时，许多经文都是抄写在染成黄色的麻纸上（图 41）。除染黄纸外，这一时期还有染成青、红、桃红等各种颜色的纸张，染色方法也不断地发展完善。唐代著名的“薛涛笺”是应用染色技术制成的一种小型的深红色笺纸，松纹纸则是将纸张浸入多种染料后出

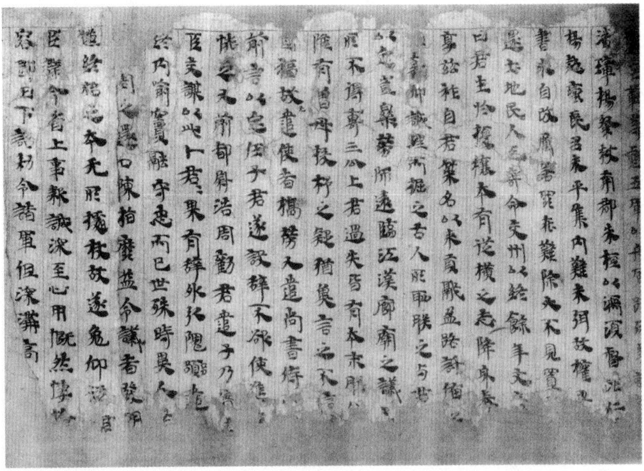

[illegible]
諸瑾楊粲并南郡来極以潤頌魯北仁
楊憩豪民君未平集内難未弭故權也
書永自敘屈辱罪恭難除久不見置
遇於地民人之奔命交州以終餘年文
曰君生於擾攘本有從横之志降身奉
事始祚自君業名以来貢職益路計焰之
壽卿誠照所掘之吉人所思聯之与甘
以定武臬勞所遠臨江漢廓爾之議
而不得專三從上君過失皆有本末所以
隱有曹丹授杼之疑猶奧言之不言
臣豬故遣使者構勞之意尚書符
前言以息但于君遂設辭不欲使進
能之无前郁身浩周勸君遣子乃
臣先謀以此卜君君果有辭外引隗囂
終内崩寶融守忠而已世殊時異人之
周之[illegible]口陳指麾益令議者發明
懷終始本无所據枚故遂免仰[illegible]
臣謙今省上事款誠深至心用慨然悽
容郡曰下認初令諸軍但深溝高

图39　东晋《三国志》局部（新疆吐鲁番出土）

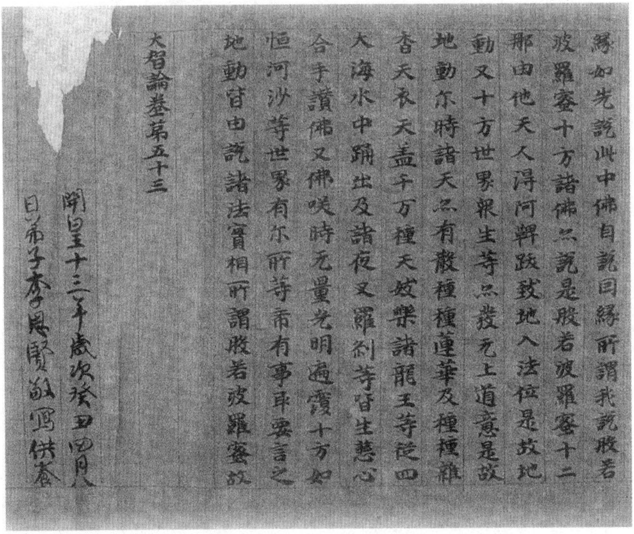

緣如先說此中佛自說因緣所謂我說般若
波羅蜜十方諸佛亦說是般若波羅蜜十二
那由他天人得阿鞞跋致地入法位是故地
動又十方世界衆生等亦發无上道意是故
地動尒時諸天亦有散種種蓮華及種種雜
香天衣天蓋千万種天妓樂諸龍王等從四
大海水中踊出及諸夜叉羅剎等皆生慈心
合手讚佛又佛咲時无量光明遍覆十方如
恒河沙等世界有尒所等希有事畢要言之
地動皆由說諸法實相所謂般若波羅蜜故
大智論卷第五十三
開皇十三年歲次癸丑四月八
日弟子李思賢敬寫供養

图40　隋《法华大智论经卷》局部（安徽省博物馆藏）

图41　北魏 曹法寿《华严经》局部（故宫博物院藏）

现的花纹。砑花技术是将雕有纹理或图案的木版用强力压在纸面上，使纸面呈现出无色的纹理或图案。后世各国通行的证券纸、货币纸和某些文件及书信用纸就是根据这些原理制成的，唐代著名的“鱼子笺”就是使用砑花技术制成的纸。洒金技术是借鉴漆器和丝织品装饰技术而发明的纸加工技术，即将金银片或金银粉涂饰在纸上，称为金花纸、银花纸或洒金银纸。水纹纸是一种纸面上有暗花的纸，其制作方法是在抄纸竹帘上用线编成纹理或图案，凸起于帘面，抄纸时此处浆薄，故纹理发亮而呈现于纸上，具有内在的美感。当然，好的纸张不可能完全采用一种加工方法，而是综合使用几种方法制成，以达到更好的使用效果。

唐代将抄制后未经加工的纸张称为生纸，将经过染黄、施胶、涂布等方法加工的纸称为熟纸。生纸由造纸产地制造，熟纸则由另外的专业加工或用户自己加工而成。为了使纸张满足自己的需求，一些官员、文人也参与到造纸和加工纸的活动。南朝宋人张永一边做官，一边研制纸墨，他制作的“张永纸”具有“紧洁光丽，辉光夺目”的特点。薛涛是唐代的女诗人，她制作的“薛涛笺”深受时人的喜爱。“薛涛笺”是中国古代造纸史上第一批“笺纸”，开创了加工纸的新品种。“隋唐时期纸面尺寸，大幅纸的宽度 36 ~ 55 厘米，长度 76 ~ 86 厘米；小幅纸的宽度 25 ~ 31 厘米，长度 36 ~ 55 厘米”[①]，而此种纸张不利于写诗，因此薛涛自作“薛涛笺”作为写诗专用纸。据说，此纸以红色花瓣汁染色而成，还有图形等艺术加工痕迹。此外，唐代肖诚制造的斑石纹纸、段成式的云蓝纸都很有名。社会对纸的需求，促进了纸张品质的改进与品种的增多，各种加工技术不断改善，这是造纸技术进步和美化历程的再现。

晋唐时期还制造了“凝霜纸”“墨光纸”“白滑纸”“冰翼纸”等名纸，这些名纸不是按照造纸原料或纸的加工技术命名的，而是根

① 刘仁庆：《论中国古纸的尺寸及其意义》，《纸业纵横》1954年第1期。

据纸的特点赋予其高雅的名称，这从另一方面说明我国古代所造纸张既实用又具有很强的艺术性。“烘焙几工成晓雪，轻明百幅叠春冰。何消才子题诗外，分与能书贝叶僧。”这是对古代造纸工匠高超技艺的盛赞。

第四章

# 纸张的广泛应用

第四章

# 纸张的广泛应用

宋代以后，纸张已经应用于不同的领域，深入到书写、绘画、印刷、商业、娱乐等人们生活的各个角落，成为人们生活中的必需品和人类知识传播的重要载体。纸张的需求量急剧增加，进一步刺激了造纸业的发展。原有的麻料和皮料已不能满足造纸的需求，开发新的造纸原料成为一种迫切的需求。以竹子、稻麦秆以及竹子和麻、树皮等为混合原料的纸张不断问世，为造纸业的发展开辟了新的天地。

宋代以后，纸张仍是艺术与文化传播的重要载体。由于纸张具有较好的吸墨性能，适宜进行书画创作，因而成为书画艺术的首选材料。纸张的保存时间比绢本长，有“绢寿止五百年，纸寿千年”之说，而且纸张也更廉价易得，留存下来的纸本书画也逐渐增多。“据北京与台北故宫博物院所藏名画统计：唐与五代名画纸本仅占 11%，宋代纸本占 18%，至元代名画中纸本已占 48%，已是纸本与绢本此起彼消的转折时期（明代纸本占 60%，清代纸本占 73%）。”[①] 这些纸本书画作品不仅见证了中国书画艺术发展的历史，还见证了古代高超的造纸技术。为适应文化艺术的发展，纸张的原料、尺寸、质量不断改善，加工纸的种类也不断增多。纸成为重要的文房用品，笔墨纸砚被称为“文房四宝”就始于宋代，标志着纸张在社会文化生活中的重要地位。纸张日益重要的地位也成为造纸业发展的主要动力。

纸在文化领域中的应用还体现在金石传拓和书籍抄写与印刷方面，它们对于纸张的薄厚有着特殊要求。这些需求使得造纸工匠注重对纸张薄厚程度的控制，也是造纸技术提高的表现。金石学兴起于宋代，人们使用薄而坚韧的纸张拓印出碑碣或金石文物上的文字、图形（图 42），既可用于研究，也保留下大量的金石学资料。拓印纸张的要求很高，多选择薄而净、软而绵、韧性强、吸水性好的纸张，也有选用极薄的纸张或厚纸进行重墨拓的情况。宋代研究金石学的著作较多（图 43），说明当时拓印之风的盛行，更与纸张质量有很大的关系。在抄写和印刷书籍领域，也需要使用轻薄柔软的纸张。唐代印刷术的出现使得印刷书籍的数量急剧增加。印刷业的发展也影响了造纸业的发展，尤其

---

① 陈志蔚、谢崇恺：《中国书画用纸的演变》，浙江省造纸学会，1987年。

图42 宋 《大观帖》局部（中国国家博物馆藏）

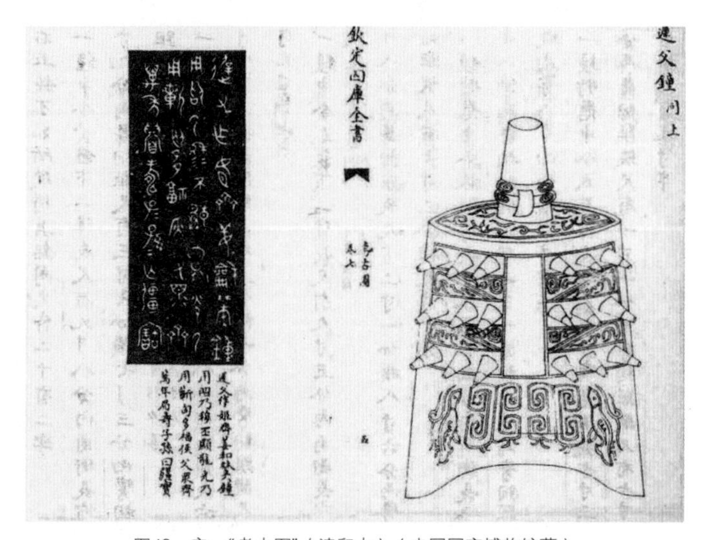

图43 宋 “考古图”（清印本）（中国国家博物馆藏）

促使了竹纸质量的提高和产量的激增。辽宋时期，还出现了印制的纸年画，宋元时期出现了印刷纸质广告。

宋代以后，造纸技术日趋成熟，可以抄制出品种繁多的加工纸及各种名纸。纸张的生产可以根据不同的功用，使用不同的原料和制作方法，充分满足社会对纸张的需求。例如，官府文件使用的纸张越来越讲究，多使用以精选竹类制成的厚重而坚韧的纸，称为“公牍纸”，宋代的官诰文书多用造价昂贵的泥金银云凤罗绫纸。明代江西、浙江、江苏出产的玉版纸、奏本纸、榜纸等作为贡品，专供宫廷御用及各部使用，而明代内府用纸首选宣德纸。明清时期的上等宣纸专供内廷、官府文书（图44）和科举榜纸使用。优质纸张也成为印刷书籍的首选。清乾隆年间编修的大型丛书《四库全书》使用宣纸（图45），清代武英殿印制的殿本书多使用浙江开化产的“开化纸”。虽然对纸张的要求

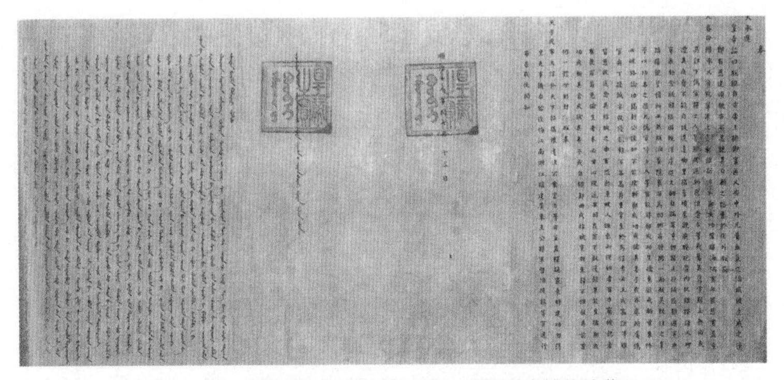

图44　清《招抚郑成功诏书》局部（中国国家博物馆藏）

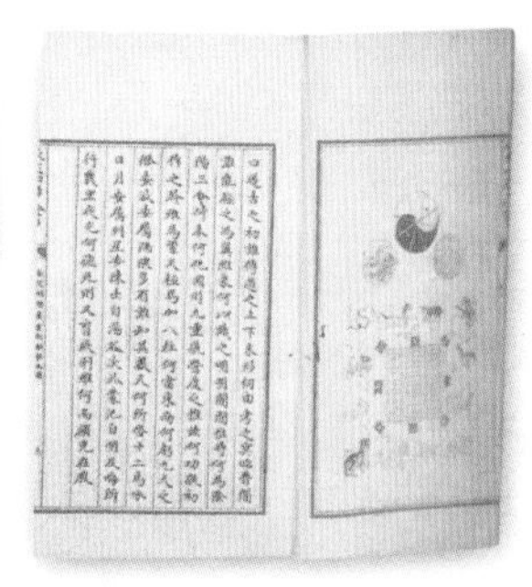

图45 清《四库全书》（中国国家博物馆藏）

不同，但宋代以后，造纸技术日趋完善，完全能够生产出适应不同需求的纸张。

除了文化领域之外，纸张应用还扩大到商业领域。为了避免携带和运输沉重的金属硬币，出现了纸张印制的货币。北宋的“交子”、南宋的“会子”、金代的“交钞”、元代的“宝钞”（图46）、明代的“大明宝钞”和清代的“官钞”都是用纸张印制的纸币。造币用纸对纸的质量要求很高，纸币的使用与流通，反映了当时已具有高水平的造纸技术。除印制纸币外，纸还用于印刷各种票据，诸如交割茶、盐的茶引、盐引、执照等凭证（图47）。

图46　元 至元通行宝钞
（中国国家博物馆藏）

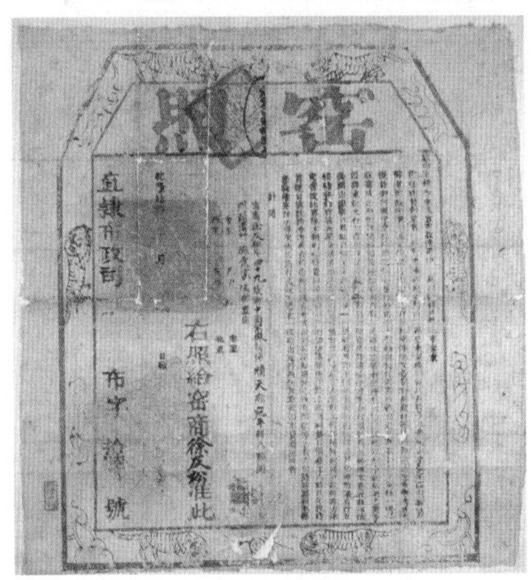


图47　清 门头沟煤窑执照
（中国国家博物馆藏）

图48　明 《明宪宗元宵行乐图》局部（中国国家博物馆藏）

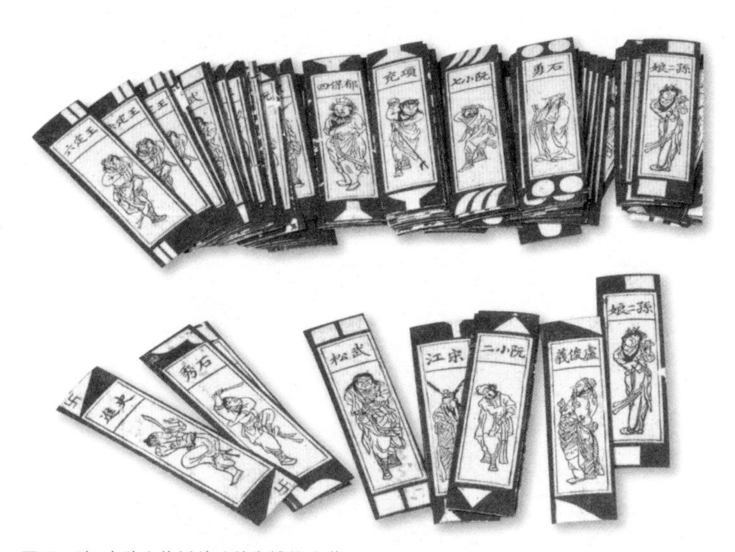


图49　清 水浒人物纸牌（故宫博物院藏）

图50　清 鲶鱼纸风筝（故宫博物院藏）

此外，纸张广泛用于日常生活、娱乐游戏等各个方面的事例更是不胜枚举。夏日祛暑的纸扇、防雨所用的纸伞、照明用的纸灯笼（图48）、装饰家居的墙纸、纸屏、包裹物品的包装纸等是日常生活中必不可少的质轻价廉物品。游戏用的纸牌（图49）、纸图、纸面具、纸风筝（图50）以及鞭炮的火药包和引线等都体现出纸制品的广泛用途。

## 一 丰富的造纸原料

我国有丰富的竹子资源，浙江、福建、湖南、江西、云南、四川等地均有种植。竹子的生长速度快，生长周期短，可以持续提供原料。由于分布广泛，竹子廉价易得，所造纸张的成本较低。竹的纤维较短，容易打浆，因此原料处理过程相对简单。可见，竹纸在原料和制法上都有明显的优势。在中国古代造纸发展史上，从麻料纸到皮料纸是造纸技术的进步，从皮料纸发展到竹料纸又将造纸技术推向一个新高峰。

竹纸的表面平滑，受墨性好，容易运笔，且纸上的墨色长久不变，因此竹纸受到人们的普遍欢迎。关于竹纸的产生时间，主要有晋和唐代两种不同的说法。可见，竹纸虽然早已出现，但质量不高，产量也不多。宋代以后，竹纸制造技术逐渐成熟，竹纸才逐渐取代皮纸，明清时期的竹纸则超越皮纸成为主要纸品。

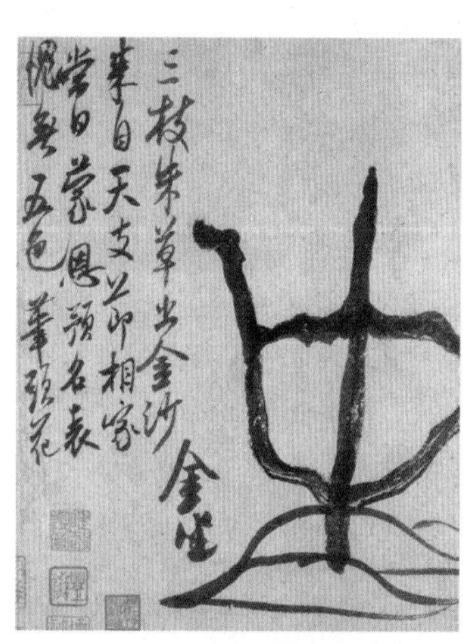

图51　北宋 米芾《珊瑚帖》局部（故宫博物院藏）

北宋初期，制造竹纸的技术尚不成熟，生产的竹纸产品比较粗糙，纸质脆弱，不堪折叠。由于使用的原料多为本色原料，尚无漂白工序，因此纸呈浅黄色，人称“金版纸”。故宫博物院收藏的宋代米芾《珊瑚

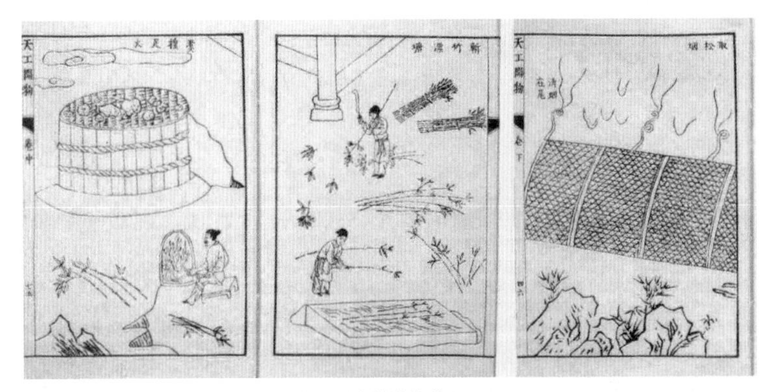

图52　明《天工开物》制纸图（中国国家博物馆藏）

帖》使用的是浅黄色的竹纸（图 51），可见其颜色较深，纤维束也多。可见，受到造纸技术的影响，宋代竹纸尚无上乘之作。明代中叶，竹纸制作技术不断改进，使竹纸的质量得到很大提升。明代宋应星《天工开物・杀青》中完整记载了竹纸的生产过程，还绘制了竹纸生产过程中砍竹浸沤、蒸煮竹料、荡帘抄纸、烘纸等主要工序图（图 52），标志着竹纸生产技术的成熟。在原料处理方面，由原来的用“生料”改为用“熟料”；为使纸面光滑、细薄，采用了反复蒸煮和漂洗的方式提高纸浆中纤维的纯度；将原料长时间放置在露天环境中，使用“天然漂白法”来增加纸张的白度。通过一系列的技术改进，明代竹纸的质量超过了前代，其品质堪与皮纸相媲美，完全能够适用各种需要，出现了被朝廷指定为贡品的江西铅山生产的玉版纸和江西、福建生产的用于印刷书籍的“连史”“毛边”竹纸，标志着竹纸生产技术全面

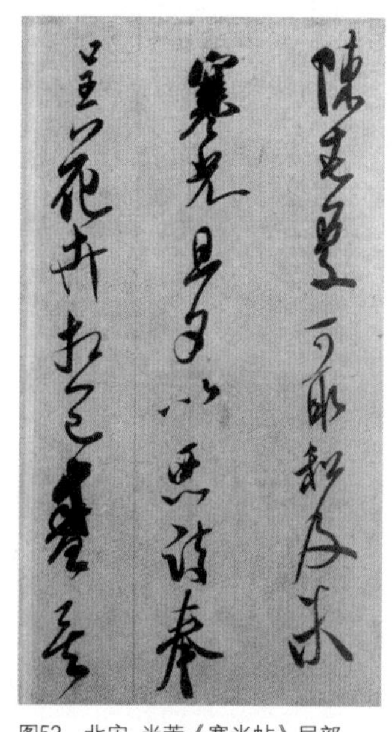

图53　北宋 米芾《寒光帖》局部（故宫博物院藏）

成熟。清代，竹纸生产技术又有所改进，通过不断改进蒸料、洗料工序，延长日光暴晒时间和增加翻料次数等方法，进一步提高了竹纸的白度。到了清代后期，漂白竹料的技术达到了最高水平，竹纸质量又有所提高。

宋代还发明了将竹料与其他原料混合制浆的造纸技术，将树皮、麻等造纸浆料按一定比例掺入竹浆中，弥补了竹纤维短造成的不足。这种混合材料的竹纸也为书画家们使用，故宫博物院收藏的宋代米芾《寒光帖》（图53）使用了竹和楮皮的混合材料。混合原料的竹纸既兼顾了纸的成本，又提高了纸的性能，体现了竹纸制作工艺的进步。

宋代以后，在竹纸生产崛起的同时，皮纸生产技术仍有发展，优秀的皮纸品种层出不穷。宋元时期皮纸产量大、质量高，书画、刻本及公私文书多使用皮纸。由于皮纸质地上乘，适宜创作泼墨山水及水墨写生的绘画作品，书画家更愿意选择在皮纸上书写、绘画，宋代书法家米芾书写《苕溪诗》使用的是楮皮纸，元代画家黄公望的《溪山雨意图》使用的是表面洁白平滑的皮纸（图54）。桑皮纸轻薄柔韧，较

图54 元 黄公望《溪山雨意图》局部（故宫博物院藏）

少虫蛀，是书籍印刷常用纸张，南宋廖氏世采堂刻的《昌黎先生集》是用白色桑皮纸印制的（图55）。宋元时期，皮纸还用于印刷纸币。早期纸币使用的材料并不统一，元代使用桑皮纸印制纸币，明代的“大明通行宝钞”（图56）等纸币都是使用桑皮印制的。宋代著名的皮纸“金粟山藏经纸”多以桑皮制成，元代著名的内府御用艺术加工纸“明仁殿纸”和“端本堂纸”也是桑皮纸。明清时期，我国皮纸制造技术发展到第三个高峰期，最高成就当属“宣德纸”，包括白笺、洒金笺、五色粉笺、瓷青纸等多个品种。“宣德纸”的产地有不同说法，有的认为是产自江西，以楮皮为原料；有的认为产自安徽的宣纸，即以檀皮为原料。无论是哪种原料制成，都是皮纸生产的巅峰之作。

明清时期的宣纸是中国皮纸制造技术最后一个高峰的代表，它源

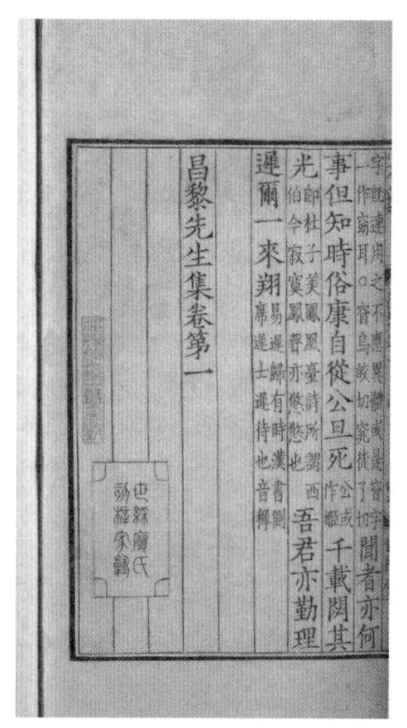

聞者亦何

事但知時俗康自從公旦死千載闃其

光吾君亦勤理

遲爾一來翔

昌黎先生集卷第一

图55　南宋　《昌黎先生集》局部
（中国国家博物馆藏）

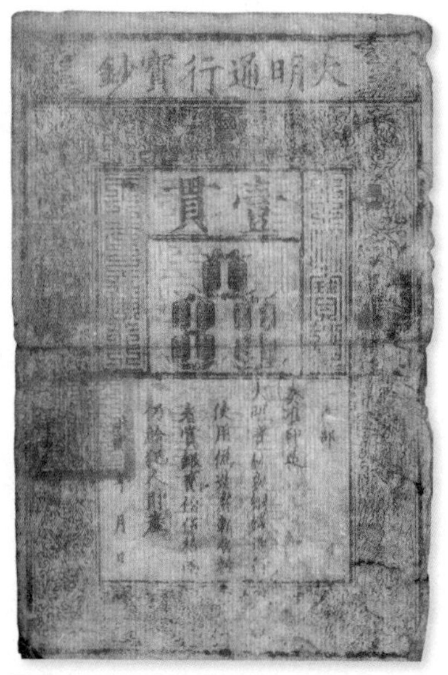


图56　明　大明通行宝钞（中国国家博物馆藏）

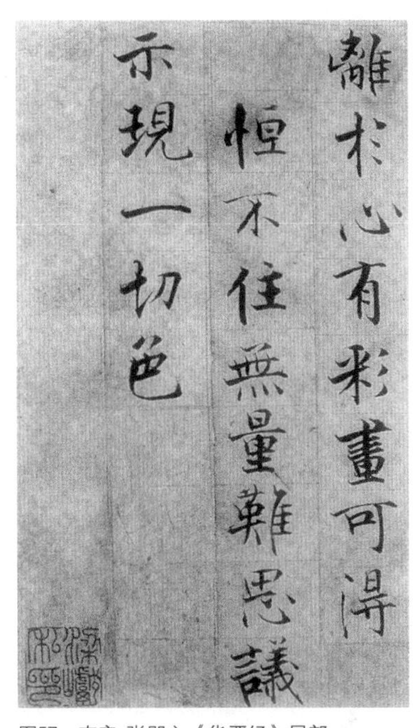


图57　南宋 张即之《华严经》局部
（安徽省博物馆藏）

于唐代，清代达到鼎盛阶段。宣纸因最早产于宣州（今安徽省）而得名，它洁白柔韧，表面平滑，受墨性好，易于书写和保存，是中国著名的书画用纸。它以青檀皮和沙田稻草为原料，根据两者的不同配比，可制造出不同品质的宣纸。“按照实际需要，经过浸泡、灰腌、蒸煮、晒白、打料、加胶、捞纸、烘干、整纸等18道工序，108项操作，历时300多天，方可制成。”[①] 宣纸生产的技术性要求极高，它继承了以五代“澄心堂纸”为代表的皮纸制造技术，又融汇了明代“宣德纸”的制造工艺，成为中国皮纸的杰出代表。宣纸的纸质上乘，颜色洁白，虽然保存很久，仍可保持原来洁白如玉的光彩，因而有“纸寿千年，墨润万变”的称誉。宋元以后，宣纸成书画家常用纸张（图57）。明清时期宫廷、官府公文及书画亦多使用宣纸。

---

① 刘仁庆：《论宣纸》，《纸和造纸》2011年3月第3期。

稻麦秆也是宋代开始使用的造纸原料，它的秆比较柔软，舂捣过程短，制纸过程较为容易。稻麦秆也会与竹、楮皮等作为混合原料造纸，明清时期的宣纸中就含有稻麦秆的成分。但仅以稻麦秆为原料的纸张纸质脆弱，多制成包裹用纸、火纸和卫生用纸。

棉花也曾被用为造纸原料，1997 年宁夏贺兰拜寺沟出土的西夏文佛经《吉祥遍至口和本续》的封皮纸采用的是桑和棉花纤维制造。

除上述竹纸、皮纸外，宋代还发明了制造混料纸的技术，创造了我国造纸技术上的独特方法，既兼顾了各种原料的优点，又有一定的技术经济意义。明清时期生产的宣纸中就混有沙田稻草。宋元时还出现了制造再生纸的工艺，将废旧纸回收处理，与适量的新纸浆混合制成“还魂纸”。

## 二　造纸工艺的与时俱进

宋代匹纸是古代手工纸抄幅最长的纸，体现了宋代造纸技术的进步。北宋《文房四谱·纸谱》记载：“黟、歙多良纸。有凝霜、澄心之号。复有长者，可五十尺（约为 1595 厘米）为一幅。”纸张幅面的大小是衡量造纸技术和造纸设备的标准之一，尤其是纸张的尺寸与造纸技术关系密切。纸张发明以后，受到纸槽、抄纸帘、抄纸技术等因素的限制，纸幅不大。两晋时纸幅大多为纵 23 ~ 27 厘米、横 41 ~ 52 厘米，隋唐时多为纵 25 ~ 55 厘米、横 36 ~ 86 厘米，如需大幅纸，则是将多

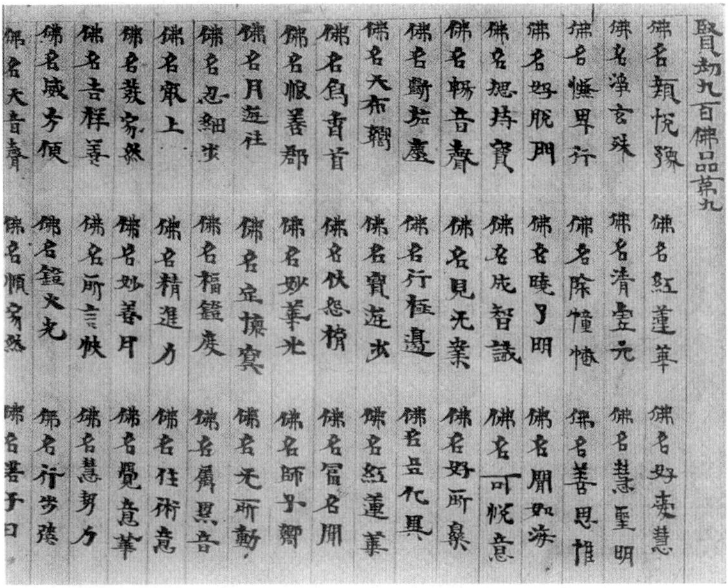

图58　十六国北凉《千佛名经卷》局部（安徽省博物馆藏）

张纸粘接起来。安徽省博物馆收藏的十六国北凉时期《千佛名经卷》（图 58）纵 23.5 厘米、横 122.7 厘米，是由两张纸粘贴而成。唐韩滉所绘的《五牛图》纵 21 厘米、横 140 厘米，是由六张纸粘贴而成的。在粘接的纸张上绘画，需要避开接缝处，阻碍了画艺的发挥，也使得很长时间内之纸本绘画不能取代绢本绘画。宋代，随着造纸技术的进步，大幅纸的制作成为可能。制造大幅纸不仅要求有特殊的造纸设备，如较长的竹帘、大型纸槽和许多熏笼等，而且要求有精湛的操作技巧。据记载，宋代制作的大幅纸纵 80 厘米，横 90 ~ 1600 厘米，改变了过

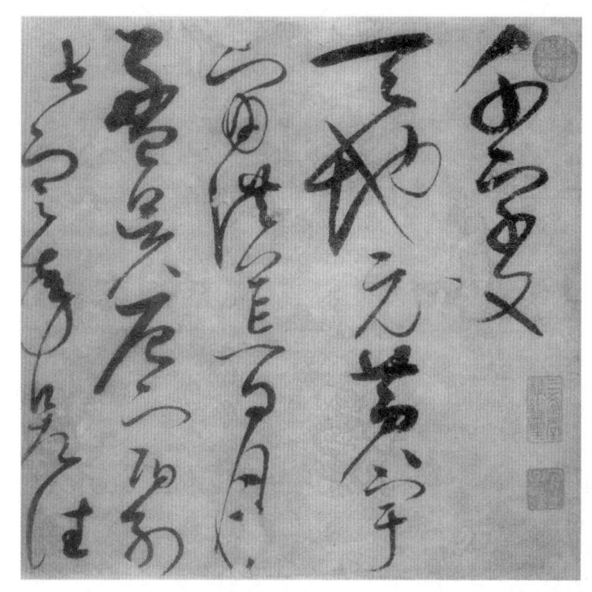

图59
北宋 赵佶《千字文》局部（辽宁省博物馆藏）

去要用多张小纸粘接成大幅纸的局面，为创作大幅书画提供了条件。宋代以后，流传下来的纸本绘画尺寸明显增大。宋赵佶草书《千字文》长达10米，中间没有接缝，这是现存抄幅最长的纸（图59），是我国造纸技术史上的辉煌成就。明清以后，还可以根据书画家的要求来特制纸张。

机械捣浆代替人工捣浆也是宋代造纸技术的进步的体现，南宋袁说友《笺纸谱》记载："以浣花潭水造纸故佳，其亦水之宜矣。江旁凿臼为碓，上下相接，凡造纸之物，必杵之使烂，涤之使洁。"此文说明了采用水碓捣浆的方法。宋代，水碓已在各地应用。但水碓打浆所需资金和人工较多，必须是一定规模产量才能使用，这从一个侧面证实了当时造纸业的兴盛。明清时期，竹纸制作需要更多的动力，水碓打浆的应用为竹纸质量和生产效率的提高创造了条件。

纸药的发展也是这一时期造纸技术进步的标志。宋代造纸时常在纸浆中加入植物黏液,用以改进纸张质量,这种黏液被称为纸药或滑水。纸药的使用，一方面可以使纸浆中的纤维悬浮，均匀分散，这样抄出的纸张比较均匀，另一方面能防止抄出来的纸张相互粘连，使纸张容易揭开，提高了纸张的生产效率。纸药的发明年代虽没有定论，但两宋时期各地造纸已普遍使用纸药却是不争的事实。常用的纸药是将黄蜀葵、杨桃藤、野葡萄等植物的茎、叶或根，经过水浸、揉搓、捶捣等工序加工而成的黏液。

漂白工艺的应用是宋代造纸技术进步的表现。宋代以前的纸张多为本色浆，宋代中晚期出现了白色的生纸，说明当时已经掌握了纸浆漂白工艺。宋元时期，在麻纺织品的制作过程中，已出现了半浸半晒、日晒夜收的漂麻方法，这种天然漂白方法被安徽歙纸生产所采用。此种方法制作的纸张质量有所提高，纸质寿命延长，改善了书画用纸的吸墨性。明代，漂白工艺用于竹纸制作，为竹纸广泛使用奠定了基础。漂白工艺增加了纸张的白度，对书画用纸质量改变具有极大的贡献。

宋代造纸技术的进步还表现在能够抄造出不同薄厚的纸张，以满足使用者的需求。一般来说，抄造过薄或过厚的纸张都非易事，在纸帘、打浆、抄纸等环节需要较高的技术。此外，水碓打浆与纸药的使用也为抄造薄纸提供了条件。南宋时有一种“超薄纸”用于密封官府的机密文件，巾箱本也是使用薄纸印刷而成的，拓印碑文也会使用薄纸。

## 三　五彩缤纷的加工纸

宋元以后，纸的加工技术不断翻新，“玉屑”“屑骨”“冰翼纸”等纸张名称反映了当时高超的造纸技艺，更见证了宋元时期加工纸的卓越成就。明清时期，纸的加工和品种方面都超越了前代，特别是在纸的加工方面集历代之大成，制造出一批新的加工纸，还成功仿制了历代名纸。

宋代名纸首推金粟山藏经纸（图 60），简称“金粟笺”。金粟山位于今浙江省海盐县，山下的金粟寺始建于三国吴赤乌年间（238～251年），北宋熙宁十年（1077 年）该寺抄写的《大藏经》被称为《金粟山藏经》，所用纸称为“金粟山藏经纸”。金粟山藏经纸大多为桑皮纸，其加工方法继承了唐代硬黄纸的加工技术，采用染黄、施蜡和研光等加工工艺制成。纸呈黄色或淡黄色，每张纸上都印有“金粟山藏经纸”的红印。金粟山藏经纸制作精细，纸质坚固结实，表面平滑具有光泽，书写效果上乘，虽历经千年沧桑，纸面仍黄艳硬韧，墨色黝泽如初。

宋代的水纹纸和砑花纸也有发展，它们继承了唐代的加工技术，制造出纸面带有优美、复杂图案的纸张。从现存宋元时期纸质的书画

图60　北宋 金粟山藏经纸（安徽省博物馆藏）

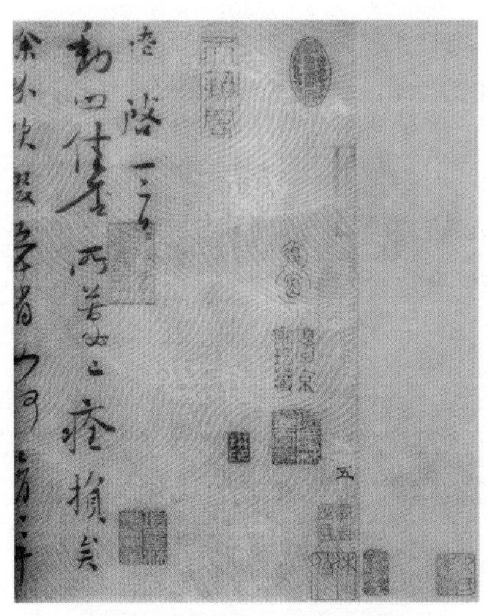

图61　宋《动止帖》局部（上海博物馆藏）

作品中，可以窥见这些水纹纸和砑花纸的面貌，有的是水波纹，有的是波浪纹（图61），有的显现出云中楼阁，还有的呈现出云中飞雁及鱼翔水底的图案。这类纸是用特殊的纸帘抄造而成，用丝线或马尾线将设计好的图案编织在纸帘，在抄纸过程中留下纸纹。

元代的“明仁殿纸”是内府御用加工纸，为世人所仰慕，明清时期曾大量仿制。“明仁殿纸”得名于存放纸张的宫殿，那里是皇帝审阅奏章的地方。元朝时，大都内府设有专门的“造纸坊”，将贡纸或加工后专供皇帝使用的纸张都存放在明仁殿。此纸为皮纸，双面

图62 清 仿明仁殿纸（故宫博物院藏）

涂蜡、砑光，正面用泥金描绘如意云纹，右下角钤有“明仁殿纸”的小长方形印章。这是一种高级加工纸，是以宋代金粟笺纸为样板制作而成，仅限宫廷使用。元朝灭亡后，“明仁殿纸”荡然无存，我们只能从清代仿品中看到这一失传的名纸（图 62）。

明代最著名的加工纸是宣德纸，宣德纸是白笺、五色粉笺、金花五色笺、瓷青纸、羊脑笺等一系列加工纸的总称，因在宣德年间（1426 ~ 1435 年）作为贡纸而被称为“宣德纸”。这些纸使用了洒金、染色、涂布、砑光等加工工艺，光滑润泽，细致耐用，品质极佳，代表了明代加工纸的最高成就。清初，人们已将“宣德纸”与五代时期的“澄心堂纸”并称为稀世名纸。宣德金花五色笺使用优质桑皮加工而成，使用泥金描绘成各种图案。宣德瓷青纸是“宣德纸”代表性纸张之一，其光如缎玉、坚韧耐用，是一种高档加工纸。瓷青纸以桑皮为原料，使用靛蓝染料进行多次染色而形成深青色，再经加蜡、研光后制成。该纸用料考究，工艺精湛，经久耐用。瓷青纸是当时价格最为昂贵的纸张之一，被王侯公卿、文人名士等喜爱和收藏。瓷青纸是“顶级”写经纸，多用于金银泥书写佛经、文牒等。金色的字迹与蓝黑色的瓷青纸（图63）形成明暗对比，营造出肃穆祥和的氛围。在瓷青纸的基础上，还生产出名贵的“羊脑笺”。“羊脑笺”是以宣德瓷青

图63　明 瓷青纸（安徽省博物馆藏）

纸为底，将窖藏已久的羊脑和顶烟墨涂布在纸上，再经研光制成笺纸。这种纸黑如漆，明如镜，用来写经可经久不坏，且不会被虫蛀（图 64）。

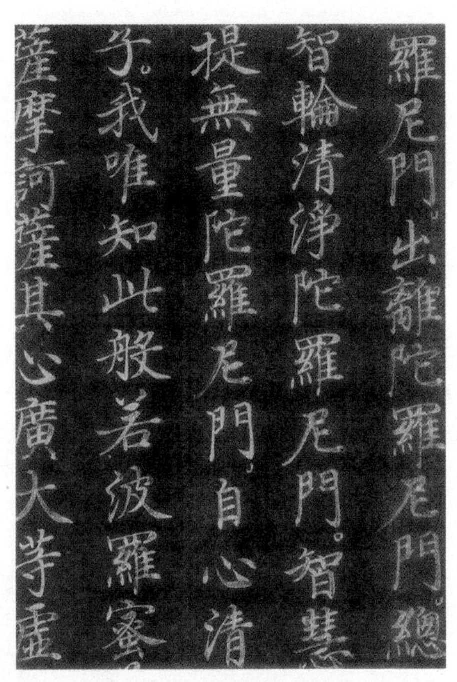


图64　明 羊脑笺（安徽省博物馆藏）

明清时期，笺纸的制作再次迎来了发展的高峰，除仿制历代著名笺纸外，还运用绘画、木刻与印刷技术相结合制造出精致玲珑、纹样丰富的彩色笺纸。笺纸始见于晋，此后历代均有变化，直到民国初年才逐渐衰微。笺纸是一种专供写信、题诗用的小型纸张，采用了染色、研光、涂蜡等多种工艺加工而成，是一种深受文人墨客喜爱的纸张。它的色彩、纹饰经历了一个由素趋彩、由简入繁的发展过程。明代的笺纸以单色的素笺为主，间有少量带有人物、花鸟、山水等简单图案的笺纸（图 65）。明代万历以后，受到当时版画和木版水印技术的影响，明代笺谱问世，使笺纸成为一种艺术品。特别是吴发祥的《萝轩变古笺谱》和胡正言的《十

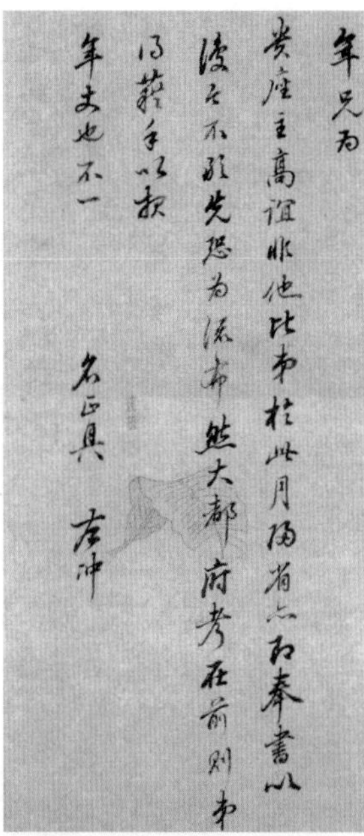

图65-1　明 明人尺牍 花鸟笺
（上海图书馆藏）

图65-2　明 戴珊手札 人物山水纸笺
（上海图书馆藏）

竹斋笺谱》将雕版与笺谱结合起来，集诗词、书法、绘画、篆刻于一体，既是造纸史上的杰作，也是版画史上的创举。此后，由笺谱确立的设计理念和印刷工艺开始在笺纸制作工艺中得到应用，笺纸的内容和风格也出现了变化，出现了许多底纹精美、趣味高雅的笺纸（图66-68），既满足书写的需要，也烘托出书法之美。

清代还制作了多种多样的加工纸，凡历史上出现过的加工名纸，均有仿制，五代的澄心堂纸、宋代的金粟笺、元代的明仁殿纸、明代的宣德纸等应有尽有。清代还运用多种加工方法，制成了许多质量上

图66　清　载瀛敬画山水诗笺（故宫博物院藏）

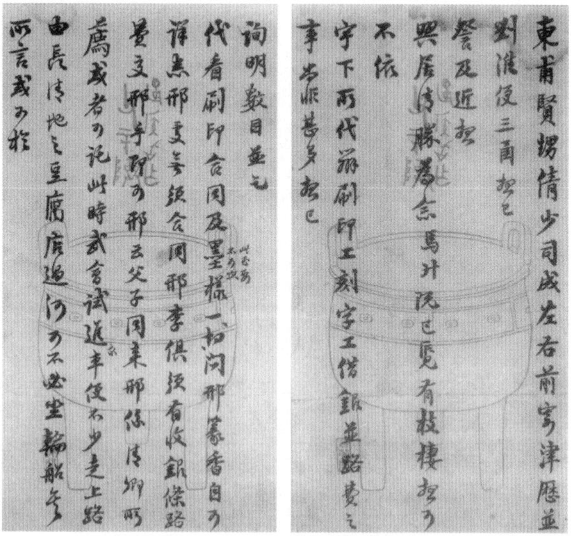

图67　清 陈介祺书札 博物笺（中国国家博物馆藏）

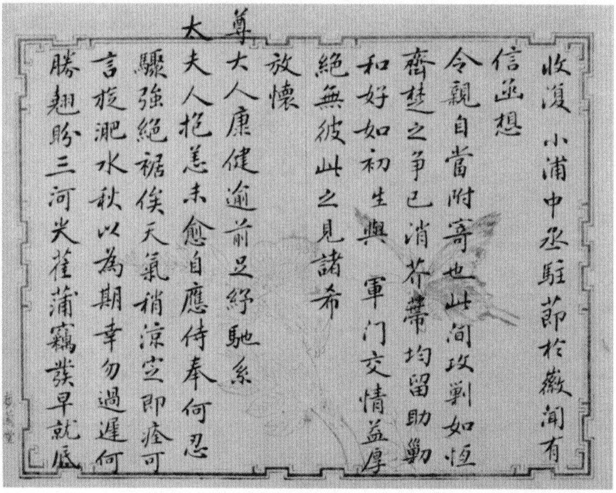

收復 小浦中丞駐節於徽閩有
信函想
令親自當附寄也此間攻剿如恒
裔楚之爭已消芥蒂均留助剿
和好如初生與 軍门交情益厚
絕無彼此之見諸希
放懷
尊大人康健逾前足紓馳系
太夫人抱恙未愈自應侍奉何忍
驟強絕裾俟天氣稍涼定即痊可
言旋淝水秋以為期幸勿過遲何
勝翹盼三河尖雀蒲竊蕞早就底

图68　清 福济尺牍 花鸟笺（上海图书馆藏）

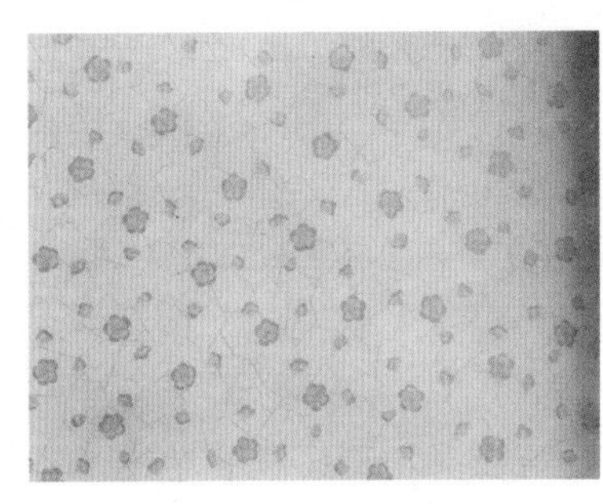
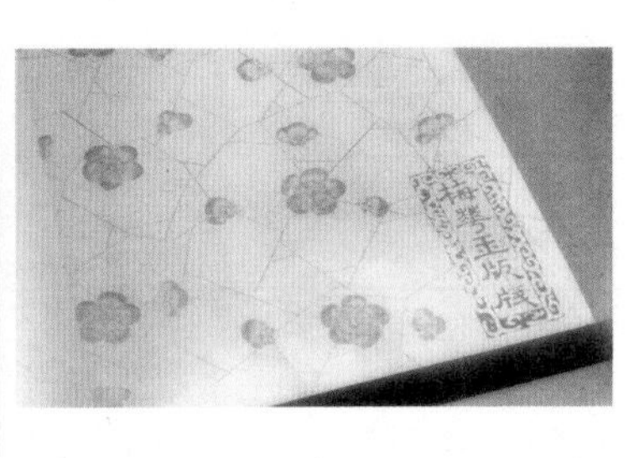

图69　清 梅花玉版笺（故宫博物院藏）

乘的纸张。“梅花玉版笺”（图69）创制于清康熙年间（1662～1722年），用粉蜡笺为底，再以泥金或泥银绘出冰梅图案。粉蜡笺具有历史悠久的制作历史，从唐代开始生产，历经上千年的变化，通过对原纸加粉、加蜡来改善纸张的质量。清代则不惜成本，在粉蜡笺上描金勾银，使纸张显得富贵华丽。乾隆年间制作的“乾隆水印纸”纸质细润洁白，有水印暗纹，是御制佳品。此外，还有将优质生宣，经过上矾、施胶后，再染以深浅不一、浓淡色彩各异的虎皮宣纸（图70）；在红色粉笺上用泥金银粉绘制云龙纹的斗方纸（图71）；在纸浆中加入有色的纤维状物质和云母的云母发笺（图72）；采用了染色、施蜡、印花等加工

图70　清 虎皮宣纸（故宫博物院藏）

图71　清 斗方纸（中国国家博物馆藏）

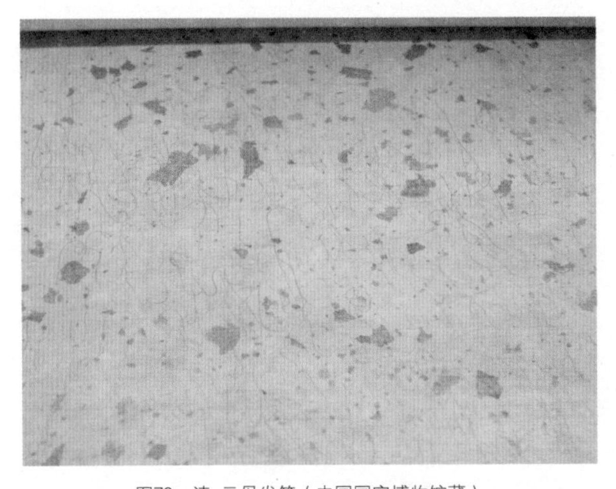

图72　清 云母发笺（中国国家博物馆藏）

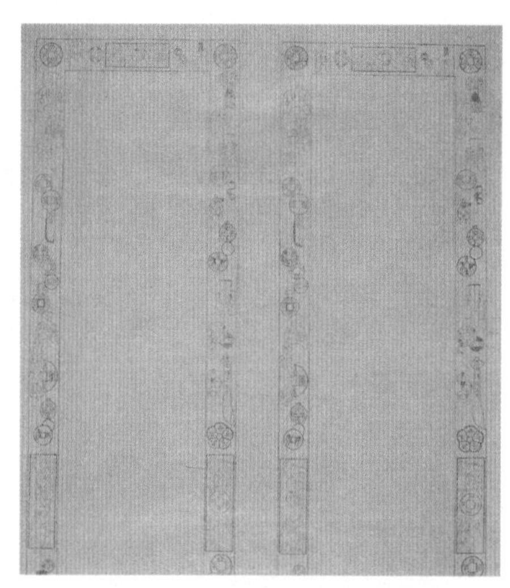
图73 清 宫黄地古钱纹蜡笺（中国国家博物馆藏）

图74 清 珊瑚色开化纸（故宫博物院藏）

方法制作而成的宫黄地印花古钱纹蜡笺(图73)等等。这些纸将工艺与艺术合为一体，既是书写绘画材料，也是一件件精工细作的艺术品。

开化纸、连史纸和毛边纸也是清代常用纸张。开化纸是清代名纸之一（图74），因产于浙江开化县而得名。此纸属于皮纸类，表面光滑、细腻柔软，纸张虽薄，但韧性强。在康、雍、乾三代，开化纸的产量最高，质量最好，殿本书籍和套色彩画多用这种纸张印刷。连史纸和毛边纸是明清时常见纸张，均为竹纸，多用于印刷书籍。

## 四 且藏且珍惜

中国古代的纸张单薄且易损毁，“天地之间最耐久而可亲之物，无过于纸，最脆薄而易毁灭之物，亦无过于纸”。在提高纸张质量、产量的同时，人们一直探索纸张保存的方式。为了防止虫蛀，一般通过使用防虫纸张或放置特殊气味的物品、定期晾晒通风等方式进行解决。为了增强纸张的韧性，则将书画进行装裱，增加了纸张的重量，保持纸张的耐久性，还可将纸张上原有的皱褶痕迹消除，让书画看起来焕然一新。书籍内的纸张损坏后，则将新纸插入折页内，以便加固原有纸张。

中国古代纸张主要是以麻、楮皮、桑皮、竹等植物纤维为原料手工制成，在制作过程中还会加入填料、胶料等有机物质。植物纤维素、矿物质、淀粉质等有机物质是蠹虫维系生命的营养品，因此这些纸张容易遭虫蛀。为防止虫蛀现象的发生，在纸张制作过程中，人们探索不同的纸张加工方法来预防蛀虫。在纸张发明以后，纸张的染色技术也出现。魏晋南北朝时期，出现了“染潢”工艺，即将纸染成黄色。人们最初是出于美观目的为纸张着色，却意外成就了防蠹蛀的目的，使纸张得到了很好的保护。黄檗是染潢使用的植物，味苦，其皮中含有各种生物碱。这些生物碱既是黄色染料，又是杀虫防蛀剂。北魏贾思勰《齐民要术》中记录了染潢的方法：“檗熟后漉滓捣而煮之，布囊压讫，复捣煮之。凡三捣三煮，添和纯汁者，其省四倍，又弥明

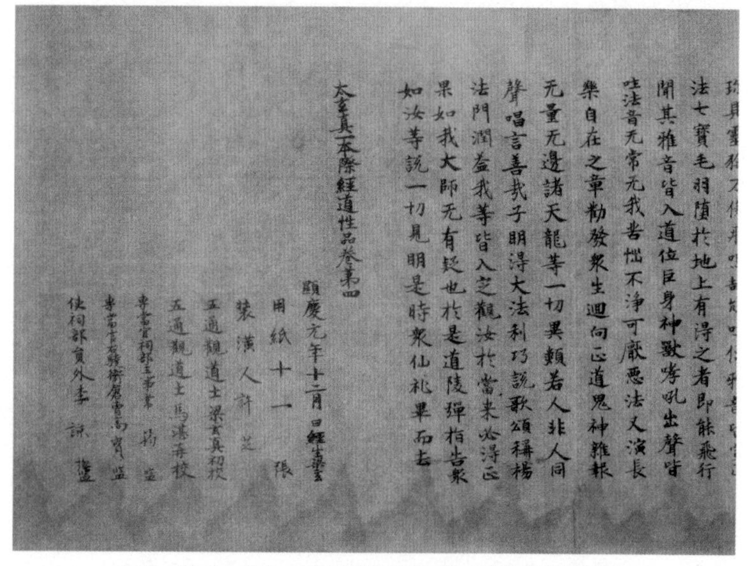
法七寶毛羽墮於地上有得之者即能飛行
聞其雅音皆入道位巨身神獸哮吼出聲皆
吐法音无常无我苦惱不淨可厭惡法又演長
樂自在之章勸發衆生迴向正道鬼神雜報
无量无邊諸天龍等一切異類若人非人同
聲唱言善哉子明得大法利巧說歌頌稱揚
法門潤益我等皆入正觀汝於當來必得正
果如我大師无有疑也於是道陵彈指告衆
如汝等說一切見明是時衆仙禮畢而去
太玄真一本際經道性品卷第四
顯慶元年十二月 日經生
用紙十一張
裝潢人許芝
五通觀道士梁玄真初校
專當官祠部主事 監
使祠部員外李 監

图75　唐《太玄真一本际经卷》药黄厚纸（安徽省博物馆藏）

净。写书经夏，然后入潢，缝不绽解。其新写者，须以熨斗缝缝熨而潢之。不尔，入则零落。”这种染潢技术，可以保护纸张不受虫蛀（图75）。在敦煌发现的 5 ~ 10 世纪的经卷，大多经过了染潢处理，虽历经千年而保存完好、未被虫蛀。宋代，鸦青纸（或磁青纸）也是一种经过染色的深色厚蓝纸，染料中加入了青矾（硫酸铁），染成的纸张可以防蠹。

宋代以后，由于印刷术的普及，书籍装订形式发展为旋风装、蝴蝶装、包背装、线装等样式，染潢等染色技术已不适宜印刷纸张。宋

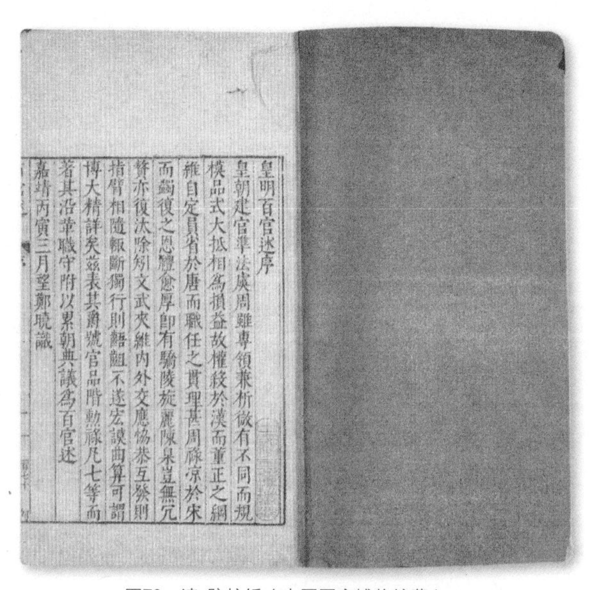

皇明百官述序

皇朝建官準法虞周雖專領兼析微有不同而規模品式大抵相為損益故權銓於漢而董正之綱維自定員省於唐而職任之貫理甚周森凉於宋而爵復之恩體愈厚卽有騎陵旋麗陳杲豈無冗贅亦復汰除列文武夾維內外交應協恭互發則指臂相隨輒斷獨行則齬齟不遂宏謨曲算可謂博大精詳矣茲表其爵號官品階勲祿凡七等而著其沿革職守附以累朝典議為百官述

嘉靖丙寅三月望鄭曉識

图76　清 防蛀纸（中国国家博物馆藏）

代的印刷书籍纸张多使用椒纸防蠹，“椒纸者，谓以椒染纸，取其可以杀虫，永无蠹蚀之患也。”[①] 人们将纸张在椒水（胡椒、花椒或辣椒的浸渍汁）中浸染或将椒水涂刷在纸面上，利用椒实中所含有的香茅醛、水芹萜等刺激性气味来防虫驱蠹，保护书籍。明清时期，广东民间发明了一种橘红色的加工纸，将“红丹”（铅丹）涂刷于竹纸表面，这种纸的颜色经久不变，还具有一定的防蛀效果，被称为“万年红”。

① 叶德辉：《书林清话》，中华书局，1957年，第163页。

一般在书籍的首尾各附一张万年红纸，以保护书籍不受虫蚀（图76）。

防蛀纸是一种加工纸张，是在纸张制作过程中的处理方式。除此之外，人们也会利用具有特殊气味的物品来驱虫。北魏贾思勰在《齐民要术》中记载，在书橱中放入麝香或木瓜来防虫。宋代，常会放置花椒、芸香、樟脑等具有强烈挥发性气味的香料来驱虫。中草药也是一种很好的防虫药剂，一般使用莽草、天南星等有毒性的草药薰或者直接将毒花草或毒石粉夹在书页中，以达到驱避蠹虫的目的。当对纸本制品进行修复装裱时，将一些防虫植物的汁液加入装裱使用的浆糊中，让它们长期保存在纸制品中。

古人也很早就注意到，不仅纸张自身的成分会产生、吸引蛀虫，潮湿的环境也会使纸张遭到虫蛀和霉蚀，因此会采用曝书的物理方法来减少害虫和霉菌的滋生。曝书，就是在适当的季节，将书籍从室内取出，放到较为干燥和凉爽的环境中进行水汽蒸发，以达到避霉驱虫的功能。曝书的时间选择应满足以下条件：第一，天气需晴朗、干燥，但温度也不能过高；第二，应有微风之时，无风则不利于图书湿气的蒸发，风大则容易吹乱书籍；第三，天气应处于稳定阶段，不能有雨。曝书的时间因时而异、因地而异，一般南方以秋冬为主，北方以春夏为主。北魏贾思勰的《齐民要术》中描述：“五月湿热，蠹虫将生，书经夏不舒展者，必生虫也。五月十五日以后，七月二十日以前，必须三度舒而展之。须要晴时，于大屋下风凉处，不见日处。日曝书，令书色暍。热卷，生虫弥速。阴雨润气，尤须避之。慎书如此，则数百年矣。”曝书是古人在日常生活实践的基础上总结出来的简便易行的书籍保护方法，在汉唐时期已形成风俗，历代相传，并延续到近代。宋代以来，曝书不仅是保护书籍的方法，还成为一项文人雅集活动。曝书，既能防止书籍潮湿，达到防虫防蠹的目的，还可以在翻晒的过程中清除尘土、霉菌和蠹虫，从而使书籍得到保护。

此外，古人还通过修建藏书楼，为纸制品提供良好的保存环境。书楼的选址会考虑到防火、防潮、防虫等因素。火是纸制品的最大威胁，因此藏书楼一般选择建设在空旷之地，书楼两边建设高高的山墙与周边隔离，防止邻家失火蔓延至书楼。书楼也配有水源，一般在书楼前后修建大水池。更有甚者，为了防火将书楼建于山洞之中。元末明初，藏书家杨维桢将自己的四万多卷藏书放在西湖北面的铁崖岭里的一处山洞内，减少了火灾发生的隐患，却出现了潮湿的弊端。防潮是书楼需要解决的重要问题，一般建于高敞干燥之地。书楼的地基要进行防水、防潮设计，除了铺地砖外，还需内铺木炭地灰，形成防水层，有效阻止地下潮气上泛、蔓延。书楼多设计成二层小楼结构，使用具有良好通风透气性能的木质楼板和花窗，保证了书楼的干燥通风效果。有时，还会使用具有防虫性能的植物做成纸制品的装具或装饰品，以防止害虫靠近。古人常用的防虫植物有白檀、檀香、栗香、降香、杉木、梓木、楠木等，它们散发出的气味可以趋避蠹虫。为了防止蠹虫的繁衍，书楼一般建在树荫下。因为蠹虫喜欢高温潮湿的环境，在寒冷干燥的环境下是不会繁殖的。书楼修建在树荫下，并在屋顶的木板上涂泥浆来隔热，这样书楼处于相对低的恒温中，蠹虫存活的可能性就降低了。

人们还通过对纸张进行装裱修复来达到保护纸张的目的。古代纸张多纤薄柔软，着墨后也容易破损，为了便于收藏，需要对纸张进行保护加固。纸制品的装裱修复自魏晋时期已经开始，唐宋时期成为一种专门的职业，装裱修复技术业已成熟。纸制品的装裱不仅是为了美观，也是为了保护纸张，防止纸张被多次磨损。通过不断的实践，人们会根据纸制品所处的地理环境以及不同纸张的情况进行装裱修复，让纸张呈现出原有的风貌（图 77–78）。

图77–1　宋 欧书《九成宫醴泉铭》局部（中国国家博物馆藏）

图77-2　宋 欧书九成宫醴泉铭
（中国国家博物馆藏）

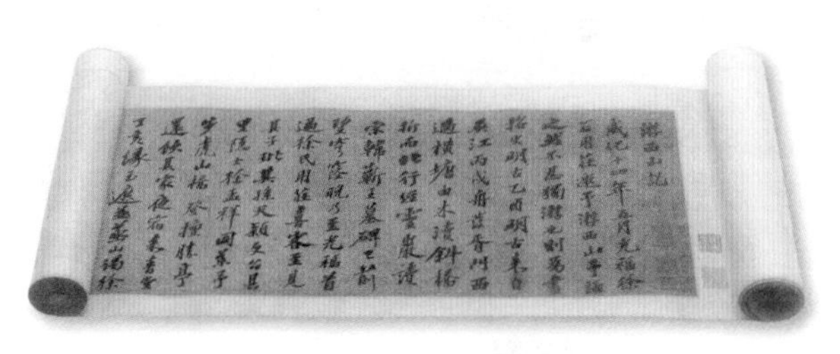

图78　明 吴宽《游西山记》
（中国国家博物馆藏）

图79　清 康熙写字像
（故宫博物院藏）

# 结语

中国古人选取了各种最佳植物纤维材料进行造纸，留下了种类繁多的纸张。人们在薄薄的纸张上挥毫落笔，留下了无数的艺术珍品（图79）。“草木轻身心自远，云衣素魄志偏长”，以草木为源的轻柔纸张，成为保存文化、传播文明的重要载体，也为印刷术的发明提供了物质基础。

# 参考文献

叶德辉：《书林清话》，中华书局，1957 年。

孙机：《汉代物质文化资料图说》，文物出版社，1991 年。

杨鸿、李力：《华夏之美》，上海三联出版社，1993 年。

潘吉星：《中国造纸史话》，商务印书馆，1998 年。

中国印刷博物馆：《印刷之光——光明来自东方》，浙江人民美术出版社，2000 年。

钱存训：《书于竹帛》，上海书店出版社，2003 年。

钱存训著、郑如斯编订：《中国纸和印刷文化史》，广西师范大学出版社，2004 年。

路甬祥主编、张秉伦、方晓阳、樊嘉禄著：《中国传统工艺全集——造纸与印刷》，大象出版社，2005 年。

王菊华等：《中国古代造纸工程技术史》，山西教育出版社，2006 年。

中国古代科技展编辑委员会:《中国古代科技文物展》，朝华出版社，1997 年。

中国历史博物馆编：《华夏文明史图鉴》，朝华出版社，1997 年。

中国国家博物馆编：《文物中国史》，中华书局，2004 年。

故宫博物院编：《故宫博物院文物珍品全集》，商务印书馆，2005 年。

国家文物局、中国科学技术协会：《奇迹天工》，文物出版社，2008 年。

刘仁庆：《论中国古纸的尺寸及其意义》，《纸业纵横》1954 年第 1 期。

潘吉星：《世界上最早的植物纤维纸》，《文物》1964 年第 11 期。

潘吉星：《中国古代加工纸十种——中国古代造纸技术史专题研究之五》，《文物》1979 年第 2 期。